300 DIAS DE BICICLETA

Sven Schmid

300 DIAS DE BICICLETA

22 mil km de emoções
pelas Américas

Tradução:
Kristina Michahelles e
Fabiana Macchi

EDIÇÕES DE
Janeiro

Rio de Janeiro
2016

Editores
José Luiz Alquéres
Dênis Rubra

Assistente editorial
Rava Vieira

Tradução
Kristina Michahelles
Fabiana Macchi

Copidesque
Thadeu Santos

Revisão
Carolina Leal

Projeto gráfico e capa
Estúdio Insólito

CIP-BRASIL. CATALOGAÇÃO NA PUBLICAÇÃO
SINDICATO NACIONAL DOS EDITORES DE LIVROS, RJ

S645r

Schmid, Sven
300 dias de bicicleta: 22 mil km de emoções pelas Américas / Sven Schmid; [tradução Kristina Michahelles, Fabiana Macchi]. - 1. ed. - Rio de Janeiro: Edições de Janeiro, 2016.
211 p.; 21 cm.

Tradução de: Fahrt ins ungewisse: per fahrrad von den argentinischen anden zu den kanadischen rocky mountains
Inclui índice
ISBN 978-85-9473-001-5

1. Viagens em bicicleta. 2. Descrição e viagens. I. Título.

16-34884 CDD: 914.85
CDU: 913(85)

Este livro foi revisado segundo o Acordo Ortográfico da Língua Portuguesa de 1990, em vigor no Brasil desde 2009.

EDIÇÕES DE JANEIRO
Rua da Glória, 344, 103
20241-180 Rio de Janeiro-RJ
Tel.:(21) 3988-0060
contato@edicoesdejaneiro.com.br
www.edicoesdejaneiro.com.br

SUMÁRIO

1.000 km

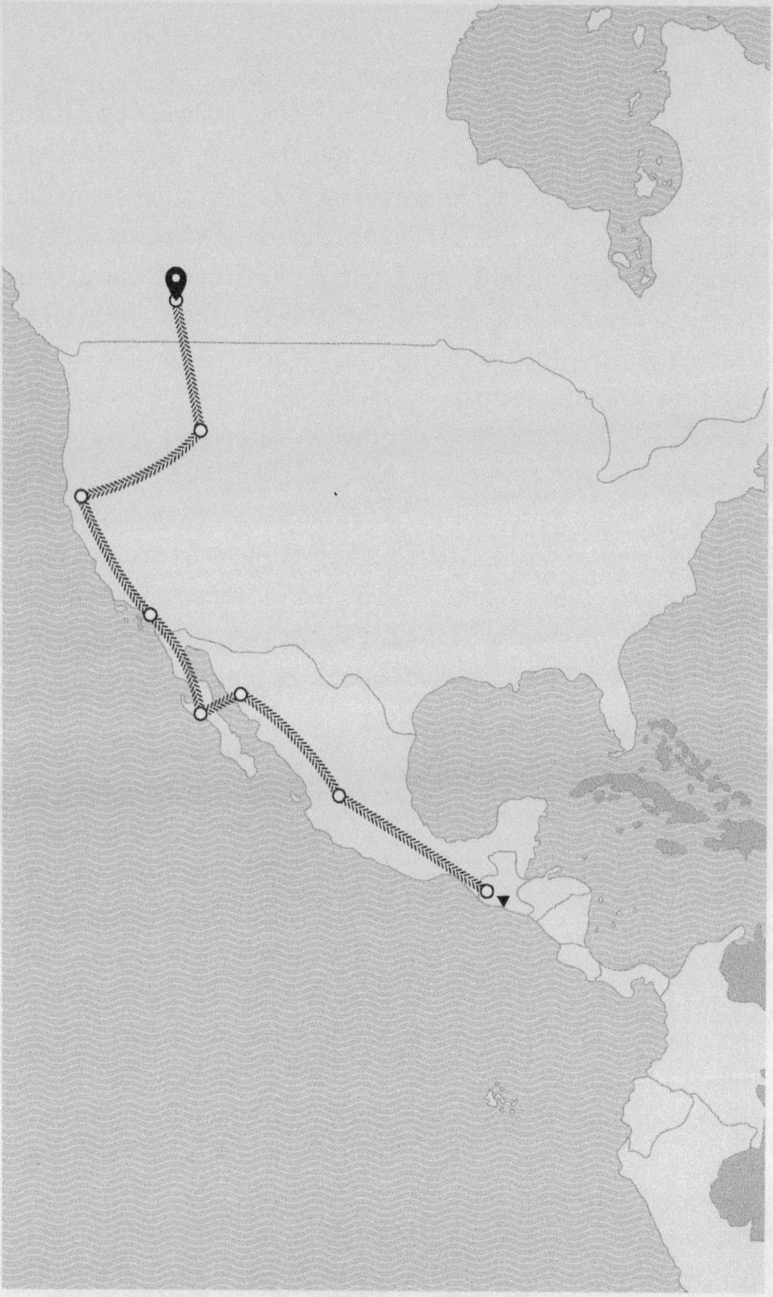

INTRODUÇÃO

Que dia é hoje mesmo? Faz semanas que estou pedalando pelos Andes peruanos, passando diariamente por estradas de terra sinuosas, atravessando passos gigantescos e cruzando vales profundos com rios caudalosos. Passo os dias sozinho. Raramente a estrada corta algum pequeno vilarejo andino ou alguma chácara isolada. De longe, avisto campos coloridos que formam uma espécie de mosaico onde pastam lhamas e alpacas. Em poucas horas atravesso zonas climáticas muito diversas e com a mais variada vegetação. Paisagens áridas e pedregosas alternam-se com prados de verde intenso e regiões subtropicais, com cactos e arbustos. Nas áreas mais baixas, passo por bananais, mangueiras e mamoeiros. Para enfrentar o frio intenso acima de 4.000 m, necessito de luvas, casaco de inverno e gorro de lã. Em compensação, nos vales, com 30 graus à sombra, o suor escorre pela pele. É comum que os grandes rios corram ao lado das estradas. Com o tempo, suas águas indomadas cavam fendas profundas em flancos tão íngremes que passar de bicicleta por ali torna-se extremamente difícil.

Olho rapidamente para trás e fico petrificado de susto. Três homens com pedaços de pau na mão correm atrás de mim e gritam: "Pare, gringo!" Uma descarga de adrenalina percorre minhas veias, pedalo com mais força e tento escapar. Recordo imediatamente as muitas histórias que ouvi sobre assaltos na América Latina e fico tenso. Meu pulso atinge o limite máximo e as mãos, agarradas às manoplas do guidão, ficam totalmente contraídas. Só então ouso dar mais uma olhada no retrovisor e vejo três jovens com varas de pescar improvisadas, feitas de bambu, e um pequeno cão, todos correndo atrás de mim. "De onde você vem e para onde vai?", pergunta um dos garotos quando paro e eles me alcançam. "Não quer dar uma parada aqui no nosso vilarejo para descansar?" Quinze minutos mais tarde estamos – eu e minha bicicleta – na praça de La Esmeralda, na Cordilheira de Vilcabamba, rodeados por cerca de dez crianças. "Quer comer figo-da-índia?", pergunta um dos meninos, que retorna logo depois com sua avó e uma tigela cheia de frutas frescas. Conto para eles da minha viagem, mostro o mapa, explico a função do computador da bicicleta e falo como funciona o meu fogareiro a gasolina. Eles prestam atenção em tudo com olhar curioso e me crivam de perguntas – inicialmente, mais tímidos e retraídos, mas logo bem à vontade e sem constrangimentos.

São pequenas histórias, especiais como esta, que tornam uma viagem de bicicleta tão singular. Como ciclista, você se aproxima muito das pessoas, torna-se palpável e muitas vezes começa a conversar com agricultores, motoristas de caminhão, policiais, vendedores de quiosques, trabalhadores rurais, crianças. Quase sempre é a curiosidade das pessoas que nos aproxima; começam sempre perguntando de onde venho, para onde vou, quanto tempo dura a viagem. No início, custa alguma superação abrir-se e se envolver com as pessoas. Mas depois de dar este passo, vivemos as histórias mais bonitas e mais incríveis com pessoas desconhecidas e provenientes de uma cultura diferente da nossa, vivenciamos a verdadeira hospitalidade e recebemos a maravilhosa oportunidade de, por um momento, participar da sua vida.

Sobre o selim de uma bicicleta, a rotina do dia a dia adquire um ritmo próprio. Coisas básicas do cotidiano ficam relegadas ao segundo plano, outras ganham mais importância. Distâncias, diferenças de altitude, o tipo de revestimento das estradas, direção e intensidade do vento e condições do tempo são elementos que norteiam nossas decisões. As refeições não acontecem em horários específicos, mas quando o estômago ronca – o que acontece o tempo todo, aliás. O mapa vira o jornal que se lê como as manchetes das notícias, tentando planejar a etapa que está por vir. Através das linhas de altitude, distâncias em quilômetros e do trajeto, é possível ter uma vaga ideia do transcurso do dia e das dificuldades pelo caminho, mas ainda assim permanecem inúmeras incógnitas. A direção dos ventos, a meteorologia, a condição das estradas, panes, encontros com pessoas. Ficamos à mercê de influências externas imprevisíveis e que não temos como planejar. E é exatamente isso que faz a viagem ser tão interessante.

Lá se vão mais de 20 anos desde que eu, aos 13 anos de idade, arrumei uma barraca, saco de dormir e fogareiro a gasolina nos alforjes de uma bicicleta e pedalei de Stuttgart até o Lago de Constança junto com um amigo da escola. Nunca havíamos percorrido mais de 50 km de uma vez quando, um belo dia, pegamos nossas *mountain bikes* e nos despedimos dos nossos preocupados pais. Acho até que eles só nos deixaram partir por pensarem que, depois de algumas horas e poucos quilômetros, estaríamos de volta em casa, quietinhos. Passamos mais de uma semana fora, montamos a barraca no campo e nos jardins de algumas casas. Ganhamos leite, pão e frutas dos agricultores – muitas vezes, mesmo sem pedir. Uma noite, acampamos atrás da casa de um sítio nos alpes da Suábia. Na manhã seguinte, a dona da casa nos acordou na barraca com uma bandeja com chá e pão com mel. Seguimos pelo mesmo trajeto que já havíamos percorrido várias vezes de carro com nossos pais. Mesmo assim, tínhamos a impressão de estar viajando por outro mundo, povoado por outras pessoas. Eram detalhes pequenos, mas fundamentais, que marcavam a diferença em relação ao mesmo trajeto percorrido de carro e faziam com que nos sentíssemos parte da paisagem e dos vilarejos por onde passávamos.

Durante décadas, o sonho de fazer uma longa viagem de bicicleta ficou dormitando dentro de mim, sendo sempre alimentado pelos relatos de outros viajantes. Havia pilhas de livros na minha estante. Eu devorava as histórias de aventuras de bicicleta pela Ásia, África e América como se fossem jujubas. Sempre imaginava que era eu quem estava sobre o selim. Ficava horas olhando o mapa, planejando possíveis rotas pelos lugares mais recônditos da Terra – pela Sibéria, a selva no Brasil, pelas montanhas do Himalaia ou ao longo da costa dos Estados Unidos. Acompanhado de amigos, fiz várias viagens de bicicleta pela Europa, pedalei de Gênova até o Cabo Norte, na Noruega, o ponto mais setentrional da Europa. Por falta de tempo, nunca conseguira fazer mais do que isso. O trabalho e os estudos não me davam a menor chance.

Depois de dois anos e meio morando na Califórnia, comecei a trabalhar como engenheiro aeroespacial em uma pequena empresa brasileira no Rio de Janeiro. Ali, trabalhei durante seis meses no setor de desenvolvimento. Como eu fizera um estágio em uma empresa de São Paulo anos antes, já falava português. O trabalho no Rio de Janeiro era interessante, embora a situação fosse caótica para o meu gosto alemão e a falta de segurança me preocupasse. A empresa ficava num bairro perigoso, onde costumam acontecer assaltos. Ia ao trabalho no jipe blindado do meu amigo e sempre ouvia falar de assaltos à mão armada no bairro. Até mesmo dentro escritório, às vezes ouvíamos tiros de revólver e de fuzil vindos da favela vizinha. Uma vez, a cápsula de uma bala perdida foi parar no telhado do nosso prédio. Muitas vezes faltava energia elétrica no bairro, pois muitos moradores da área fazem gatos. Estas instalações clandestinas ocasionavam curtos-circuitos e incêndios na fiação. Houve uma tarde em que ficamos várias horas sem energia, pois o quadro de distribuição do prédio pegou fogo e deixou algumas casas sem luz. Lembro-me bem do estouro que ouvi e da bola de fogo que saiu dos fios emaranhados que eu vi da minha janela. Também tive sorte de não ter sido atingido pelo muro do prédio vizinho que desabou após uma forte chuva.

Eu me dava muito bem com os dois sócios da empresa e com os colegas de trabalho, mas sentia falta de estruturas confiáveis. Começou já no primeiro dia, quando meu chefe simplesmente se esqueceu de mim. Marcamos encontro às nove da manhã em frente ao prédio em que ele morava. Como estava demorando muito, resolvi tocar a campainha. Depois de dez minutos, ele atendeu o interfone com voz de quem estava dormindo e disse: "Desculpe! Esqueci completamente de você. Não precisa ir trabalhar hoje. Vá ao centro ou à praia e relaxe!" A direção da empresa também perdeu o prazo de renovar o meu visto de permanência e de trabalho. Eu teria que sair obrigatoriamente do Brasil por um tempo e aguardar no exterior até os documentos ficarem prontos. A alternativa era permanecer ilegalmente e continuar trabalhando, correndo o risco de ser expulso do país. A chance era pequena, mas suficiente para que eu não me sentisse à vontade naquela situação. Decidi sair do Brasil por algum tempo e aguardar no exterior até poder voltar legalmente.

A irritação inicial com esta situação se transformou em euforia quando tive a ideia de aproveitar o tempo de espera empreendendo uma viagem pela América do Sul. Nunca em toda a minha vida as condições haviam sido tão apropriadas como naquele momento e eu nunca estivera tão livre e descompromissado. Era isso mesmo, aquela era a hora! Se eu não fizesse a viagem naquele momento, provavelmente nunca faria. Além disso, já estava na América do Sul. Bastava uma bicicleta apropriada e meter o pé na estrada. Como ponto de partida, escolhi Buenos Aires. Para padrões sul-americanos, a capital argentina é considerada uma cidade relativamente segura e está a poucas horas de voo do Rio de Janeiro. Depois de atravessar a Argentina de leste a oeste, planejei pedalar até o norte, ao longo dos Andes, para escrutinar os principais atrativos deste trecho – os altos passos da Argentina e do Chile, os gigantescos lagos salgados da Bolívia, a floresta amazônica do Peru, o Lago Titicaca e Machu Picchu. Deixei em aberto, naquele momento inicial, o destino final e o tempo de duração da viagem, pois não tinha como prever como eu me sairia e como me sentiria viajando sozinho durante algumas semanas. Ouvi de amigos e colegas de trabalho as seguintes frases: "Certamente, você vai ser assaltado na Bolívia" ou "tomara que não o torturem antes de matá-lo". Quase todos os brasileiros me desaconselharam a ir para a Bolívia. Muita gente dizia que eram grandes as chances de vir a ser assaltado naquele país, ainda mais eu, um cara branco viajando sozinho de bicicleta. Até hoje ecoam nos meus ouvidos as gargalhadas de um colega de trabalho quando lhe falei dos meus planos. Ele não dava dois meses para meu equipamento ser roubado.

Comprei uma *mountain bike*, os principais remédios de emergência, fiz vacinas contra cólera e hepatite e mandei vir meus alforjes da Alemanha. Teria sido muito caro comprar alforjes no Brasil, pois não existem fabricantes de bolsas para bicicletas no país e sobre os produtos importados incidem taxas de importação exorbitantes. Nenhuma loja de bicicleta no Rio de Janeiro tinha bagageiro dianteiro para vender. Por isso, tive que construir eu mesmo um bagageiro dianteiro. Virei uma noite construindo o bagageiro com cânulas de alumínio, ângulos de metal e abraçadeiras. Ficou uma coisa improvisada, mas que surpreendentemente resistiu bastante tempo. Só no Canadá, já no fim da viagem, um dos ângulos de metal quebrou, por desgaste do material. Em três alforjes e dois sacos à prova d'água, guardei uma barraca, um saco de dormir, um colchonete isolante térmico, fogareiro, equipamento de fotografia, ferramentas, peças de reposição e roupas. Um dos alforjes ficou livre para transportar a água e os mantimentos de que eu precisaria para as etapas de vários dias no deserto e nas montanhas. Na véspera de partir, com toda a bagagem na bicicleta, dei mais uma volta de teste pela orla de Copacabana.

ENCONTRO COM A SOLIDÃO

Enquanto olho pela pequena janela arranhada do avião e observo o imenso mar de prédios de Buenos Aires, os alto-falantes anunciam: "Senhoras e senhores, por favor, afivelem os cintos de segurança, coloquem suas poltronas na posição vertical, vamos aterrissar em poucos minutos". Em poucos minutos, uma esteira trará minha bicicleta e os alforjes e, a partir de então, estarei ali com minha bagagem. Sinto uma ponta de inquietação se infiltrando em minha alegria e na sensação de liberdade. Nas últimas semanas, minha cabeça esteve o tempo todo ocupada com preparativos e planejamentos: obter mapas, conseguir material para cozinhar, filtro de água e peças de reposição da bicicleta. Só agora me dou conta da seriedade do projeto e do tamanho do passo que estou prestes a dar. As advertências sobre os riscos em viagens pelos países da América Latina elaboradas pelo Ministério das Relações Exteriores alemão ecoam na minha cabeça: "Risco de assalto e sequestro em várias regiões e grande propensão para violência". Também fico tenso com o medo de doenças como a dengue, o mal de Chagas e a malária. Como vou me adaptar às condições climáticas, às altas temperaturas, ao vento no deserto e ao ar rarefeito nos Andes? Será que meu equipamento e meu corpo resistirão? Também penso nos longos meses de solidão, nas incontáveis horas em cima de uma bicicleta e nas noites silenciosas na barraca, longe da civilização e em completo isolamento. Que pensamentos passarão pela minha cabeça durante a viagem? Vou me sentir livre e bem ou vou me sentir oprimido pela situação e desistir por causa disso? Que pensamentos rondarão meu subconsciente devido à longa abstinência de elementos cotidianos como trabalho, relacionamento, amizades, família? Tenho consciência de que a viagem não será prazerosa em todos os momentos e de que não dormirei todos os dias alegre e satisfeito. Mas finalmente voltarei a ter tempo, tempo para me dedicar de corpo e alma a um único tema – e isso durante várias semanas, sem interrupção. A complexidade da rotina diária raramente permite que nos concentremos em uma única coisa por muito tempo. Queremos sempre harmonizar as contradições da vida profissional, dos relacionamentos e de outras obrigações. A consequência é que ficamos divididos e, em muitos momentos, obrigados a aceitar soluções de compromisso. Talvez eu consiga me livrar de algumas destas amarras durante a viagem e enxergar alguns aspectos sob uma luz totalmente nova.

A caixa com a minha bicicleta é a última bagagem a aparecer na esteira antes de ela ser desligada. Uma dúzia de curiosos me observa enquanto tiro as partes da caixa e monto a bicicleta. Quando finalmente penduro os alforjes nos bagageiros e sento no selim, um círculo de taxistas, seguranças e passageiros se formou a meu redor. "E para onde vai?", perguntam e ficam pasmos quando simplesmente dou de ombros em resposta. "Por que não viaja de moto ou de carro?" Minha resposta faz as pessoas balançarem a cabeça: "Acho muito mais divertido pedalar do que ficar sentando num veículo motorizado". Parece que na América do Sul só anda de bicicleta quem não pode comprar carro. Que logo eu, um europeu "rico", use este meio de transporte, é algo que eles realmente não entendem. Em meio àquela plateia de curiosos, sento-me pela primeira vez no selim da bicicleta totalmente carregada e tenho dificuldade de domar o monstro e não perder o equilíbrio. É difícil imaginar andar longas distâncias com ela ou fazer subidas íngremes.

Passo alguns dias em Buenos Aires para me acostumar com a Argentina e para completar o meu equipamento para a viagem. Ao contrário da maioria das cidades da América do Sul, as ruas são bastante limpas, o trânsito é relativamente organizado e mesmo à noite pode-se circular pela cidade com certa segurança. A cidade e as pessoas parecem muito europeias. A quantidade de cafés e restaurantes, a arquitetura dos prédios e os muitos museus evocam Paris. Só que aqui se paga menos por um almoço completo do que por um *cappuccino* em Paris. No início, quando calculei o preço do pernoite em euros, achei até que havia me enganado com a taxa de câmbio. O pernoite com café da manhã num hotel no centro da cidade custou apenas 8 euros. No início do século XX, a Argentina ainda era um dos países mais ricos do mundo, mas o endividamento público durante o período da ditadura militar causou danos tão graves à economia que o país até hoje ainda não conseguiu se recuperar. O nível de prosperidade na Argentina em 2012 ainda era inferior ao nível de 1950, e a taxa anual de inflação varia entre 5% e 10%.

Por outro lado, é uma cidade rica em cultura. Buenos Aires é a capital mundial do tango e aqui há mais teatros do que em qualquer outra cidade do mundo, ao todo são 187 teatros. Os espanhóis foram os primeiros a chegar, depois vieram os italianos, que hoje são uma grande parte da população da cidade. Os nomes de bairros, como Palermo, e o toque italiano na culinária revelam as raízes. No início, os imigrantes se comunicavam numa mistura de espanhol e italiano chamada "cocoliche". Houve épocas em que mais de 40% dos moradores da cidade falavam esta língua.

Passeio pela cidade e registro cheiros, sons e cores. Em cada esquina, restaurantes servem comidas deliciosas: substanciosos cozidos de legumes e carnes, suculentos bifes e comidas exóticas como o caranguejo gigante da Antártica. Tudo acompanhado da cerveja argentina gelada, servida em garrafas de litro. Tim-tim!

Pelo menos tão colorido e animado quanto as ruas de Buenos Aires está o meu coração. Mal consigo conter a alegria que sinto ao pensar nos meses que virão. O sentimento desta liberdade ilimitada e das infinitas possibilidades é fantástico, quase inebriante. Agora, é apenas uma questão de tempo: em breve estarei nos lugares mais distantes do mapa da América do Sul. Alcançar tudo isso apenas com a força dos meus músculos me dá a sensação de dominar o mundo com as minhas próprias mãos. Ao mesmo tempo, uma boa porção de incertezas e um medo desagradável percorrem meu subconsciente, como a tensão antes de uma grande prova. Não me preocupam apenas as dificuldades da viagem e os perigos que espreitam nos trajetos que farei, mas também como será este tempo longe de tudo e de todos e como a vida haverá de continuar depois. Nunca antes me vi diante de um período de vida tão aberto e indeterminado, sem plano definido.

Os primeiros quilômetros de bicicleta fluem muito bem, é um início perfeito da viagem. No final de outubro, com um forte vento oeste nas costas, saio pedalando pela cidade por ruas totalmente vazias. Para sorte minha, é dia de censo nacional e os habitantes foram aconselhados a ficarem em casa para atender os recenseadores. Na saída da cidade, um ciclista me ultrapassa e grita: "*Hola, gringo!* Quanto já andou?" "Quinze quilômetros", respondo e vejo que ele não se impressiona com o número. "E para onde vai?" Falo dos meus planos de viagem e vejo pelo brilho de seus olhos que ele adoraria me acompanhar. Quando era escoteiro, fez várias viagens de bicicleta pela Argentina. Seguimos alguns quilômetros andando lado a lado e paramos em um cruzamento. Sentado no meio-fio, ele me conta de suas viagens de bicicleta. Depois, tira um papel e uma caneta do bolso da jaqueta e desenha pequenos mapas de estradas de terra e estradas secundárias. Ele conhece caminhos mais bonitos e com menos trânsito do que os que percorri até aqui e diz que eu deveria seguir pelo atalho que ele indicou. Tenho minhas dúvidas se vou conseguir decifrar, sem me perder, o trajeto de 40 km que ele rabiscou naquele naco de papel do tamanho de quatro tampinhas de cerveja. E não é que consegui realmente, sem problemas? Durante duas horas, pedalo por estradas de terra quase desertas e, em parte, muito isoladas, paralelas a riachos, ao lado de pastos e passando por pequenos vilarejos abandonados com um charme de paisagem fantasma, com esqueletos de tratores e máquinas agrícolas enferrujadas. Já durante os primeiros dias, experimento uma hospitalidade indescritível por parte da população. Sou convidado várias vezes para as refeições, me oferecem banho, chá mate e estadia.

No início, um europeu como eu precisa se acostumar às imensas distâncias entre um lugar e outro. Em algumas regiões, ando mais de 100 km sem ver uma única casa. Por causa da atividade agrícola intensiva, a água dos riachos já não é potável. Certa tarde, minha reserva de água termina e até o próximo vilarejo eu levaria mais duas horas de viagem.

Vejo um prédio atrás de uma fileira de árvores ao lado da estrada, no muro está escrito "Escola nro. 65" em letras pintadas em azul-claro. A escola fica isolada, no meio da paisagem. Nas redondezas existem apenas alguns pequenos sítios, de resto apenas campos e plantações até onde a vista alcança. Por uma janela vejo uma professora escrevendo no quadro. Não quero atrapalhá-la, por isso sento novamente na bicicleta, mas não adianta, ela já me viu e acena para mim. "Olá, o que veio fazer aqui?", pergunta sua assistente com um sorriso simpático e abre a porta. Aponto para a minha garrafa de água vazia e pergunto se posso enchê-la em uma torneira. Neste ínterim, a professora e os alunos saíram da sala de aula e estão curiosos parados à minha frente. "Claro que temos água para você. É apenas água da chuva, mas é limpa e nós também a bebemos", diz a assistente.

A escola tem ao todo apenas onze alunos. Os mais novos têm 6 anos e os mais velhos, 14 anos. Também tem apenas uma professora, que, junto com três assistentes, dá aula para todos os alunos ao mesmo tempo. Após um curto período me observando timidamente, as crianças agora não param. "Por que usa essa roupa estranha? O que tem dentro das bolsas? Qual a sua comida preferida? Você tem animais de estimação em casa?", bombardeiam. Simplesmente querem saber tudo. Conto sobre a viagem que programei e tiro alguns objetos da bagagem. Quando mostro o fogareiro e monto a barraca, vejo em seus olhos uma curiosidade que só crianças conseguem ter. Com muito espanto, olham para o meu mapa. Alguns parecem nunca ter visto algo assim na vida.

Algumas semanas depois desta experiência, recebo um e-mail de uma das assistentes com fotografias. Quando vejo as fotos, quase não acredito. Em uma das fotos vê-se uma arvorezinha e, atrás dela, uma placa de madeira escrita "Sven". Emocionado, deduzo que a professora plantou a árvore junto com os alunos para lembrar o nosso encontro. Que gesto simpático!

Nas primeiras noites, não durmo muito bem. A preocupação de ser importunado por possíveis animais perigosos ou por pessoas desagradáveis, e os riscos que me aguardam nas estradas e cidades me deixam tenso. Procuro armar a barraca em lugares que não possam ser vistos da estrada, mas em locais de campo aberto nem sempre é possível. Por isso, de manhã geralmente estou com sono e desconcentrado. Certo dia, não presto atenção na estrada por um momento. Tarde demais: vejo o grande buraco à minha frente. Com um estrondo, a bicicleta e os alforjes caem ao chão e, alguns átimos de segundo depois, é lá que eu vou parar também. Durante o voo livre, me arrependo de não estar usando luvas e nem capacete. Por sorte, não acontece nada com a cabeça, mas as palmas das duas mãos e o cotovelo direito não escapam. O sangue escorre pelo braço e pelas mãos, mas, além dos arranhões, parece que não sofri nada mais grave. Rodo até o próximo vilarejo, Huinca Renanco, e encosto a bicicleta na entrada de uma mercearia.

Lá dentro compro frutas frescas, pão, iogurte e água. Pela vitrine, vigio minha bicicleta. Ela está presa a uma árvore, mas os alforjes com todo o meu equipamento podem ser removidos e levados facilmente. Um rapaz está parado ao lado da bicicleta há algum tempo e olha para ela com interesse. Vejo que ele pega o celular e começa a falar. Fico um pouco nervoso com a situação. Será que ele vai roubar o meu equipamento? Depois de alguns momentos que pareceram uma eternidade, estou novamente perto da bicicleta, agora já rodeada por uma pequena multidão. O rapaz do celular conversa com uma mulher que segura uma câmera e um microfone. Quando me vê, ele diz: "Bom dia, somos da rádio Huinca Renanco. Poderíamos fazer uma entrevista com o senhor sobre o seu tour de bicicleta?" Mal eu respondo um "sim" hesitante, já escuto alto e bom som: "Gravando!". Ainda sob efeito do susto da queda, fico no meio de todos com as pernas trêmulas. Neste meio tempo, metade da população do município está prestando atenção no que digo. Da ponta do meu nariz pingam gotas de suor e minhas mãos e braços estão cheios de curativos adesivos sujos de sangue. Com um espanhol macarrônico, tento responder as perguntas da repórter sobre a minha viagem e sorrio amarelo para a câmera. Alguns dias depois recebo a notícia de que uma foto minha foi parar no site do mercadinho com o título: "Alemão que dá volta ao mundo de bicicleta faz compras na nossa loja". Muito fácil virar estrela de uma hora para a outra!

As dimensões deste país são impressionantes. À direita e à esquerda da estrada há pastagens gigantescas, onde até rebanhos imensos parecem perdidos e pequenos. Nenhum outro povo consome tanta carne de gado quanto os argentinos. Comparado com os alemães, comem seis vezes mais. O terreno é totalmente plano, de horizonte a horizonte não se vê uma única colina. De vez em quando o campo é interrompido por uma pequena lagoa ou pântano, onde bandos de pássaros e gansos se divertem. Raramente saio da estrada, que é uma linha reta, para procurar hospedagem ou comprar mantimentos.

À noite, o trânsito nas pequenas cidades é bem intenso. Não que as pessoas estejam voltando do trabalho ou indo de um lugar para outro, mas os jovens do lugar ficam dando voltinhas de moto na praça central. Sentado no meio-fio, tomando um sorvete, fico observando a cena. De cinco em cinco minutos as mesmas motos passam por mim, algumas com três outras com quatro pessoas. As meninas andam de *scooter*, os rapazes dirigem pequenas motos ou mobiletes. Os mais novos imitam a brincadeira andando de bicicleta. Parece haver mais gente jovem aqui do que na Alemanha. Também chamam a minha atenção muitos casais jovens que já têm filhos, embora ainda não tenham passado dos 20 anos.

Minhas noites na barraca, mais silenciosas impossível, contrastam de maneira extrema com as noites nas cidades. Além do barulhinho das lagartixas e dos grilos, não se ouve mais nada. Os únicos seres para quem eu posso contar sobre os desafios do meu dia são as pequenas lebres que costumam me visitar à noite. A cada noite que durmo na estrada, mais automatizo os gestos para montar e desmontar a barraca e exercito a rotina de preparar minhas refeições no fogareiro à gasolina, acondicionar tudo novamente nos alforjes, passar filtro solar e lavar roupas. Adapto-me rapidamente ao ambiente e, depois de duas semanas, durmo na barraca tão bem e profundamente como dormiria na minha cama em casa. O ar seco e limpo transforma o céu noturno em um espetáculo extraordinário, em quase todos os dias o pôr do sol é impressionante.

Em direção ao oeste, por estradas absolutamente retas que parecem sem fim, cruzo o pampa, terra dos "gaúchos", que vai ficando cada vez mais erma. Os criadores de gado, descendentes principalmente de espanhóis e de índios, também são chamados de cowboys argentinos. Ganham a vida com o couro e o charque. Nesta paisagem completamente plana, a estrada segue por centenas de quilômetros sem uma única curva sequer. O céu e a terra se separam por uma linha do horizonte muito nítida e distante, que em algum lugar do infinito cruza a estrada à minha frente. Por mais que eu me esforce, este ponto nunca chega. Durante horas vejo sempre a mesma imagem. Tenho a sufocante impressão de não sair do lugar e sinto-me como um hamster numa roda de exercício. A monotonia da paisagem, o repetitivo movimento de pedalar e a falta de estímulos exteriores me fazem perder a sensação de tempo e distância. Pedalo como se eu fosse uma peça de relógio, parte de uma mecânica que se movimenta e o mesmo tempo parece parada. É de enlouquecer. Só raramente, quando aparece uma placa de sinalização ou um arbusto como referência, consigo reconhecer meus movimentos e sentir que de fato estou me movimentando. Por isso, de vez em quando, preciso parar em algum vilarejo e sentar em um café. Não que esteja cansado ou tenha perdido a vontade de pedalar. Paro apenas por que a minha cabeça precisa de alguma novidade, pois tenho a impressão de que esse vazio pode me levar à loucura.

Quanto mais me dirijo para oeste, mais seca e plana se torna a paisagem. Dos vários rios que existiram algum dia, agora só restam vales secos. No intuito de economizar a água que tenho que transportar nestas longas distâncias, procuro não gastar mais do que um quarto de litro para a higiene noturna. O que é um verdadeiro desafio, considerando que fico coberto por uma mistura de pó da estrada, graxa, filtro solar e suor. O resultado é quase sempre insatisfatório e o cheiro dentro da barraca me lembra o da jaula de um puma que há tempos não é varrida e arejada. Para lavar a louça, também uso apenas algumas gotas do líquido precioso. A roupa eu acumulo para lavar em pequenas lavanderias nos vilarejos ou na pia dos lugares em que pernoito.

É proibido transportar legumes e frutas entre as províncias de San Luis e Mendoza, no oeste da Argentina, para evitar a disseminação de pragas. Os órgãos de fiscalização controlam esta proibição rigorosamente, param todos os veículos, inspecionam tudo e no final passam um *spray* desinfetante no veículo. Como estou de bicicleta e não transporto frutas ou legumes, deduzo que vou passar direto, sem ser parado. Ledo engano! Quando passo pedalando pelo portão de controle, em velocidade de caminhada, um policial dá um forte apito. O sujeito me olha atravessado. Tudo indica que o fato de ter tentado passar pedalando o irritou bastante. Como resposta, ele me faz tirar tudo dos alforjes e mostrar até o último alfinete. "Onde você comprou a bicicleta?", pergunta com olhar crítico. Quando respondo que foi no Rio de Janeiro e que eu sou de Stuttgart, seu rosto se descontrai e ele esboça um sorriso. "Ah, Rio, a cidade das belas garotas, do samba e da caipirinha. E Stuttgart, a cidade do time VfB." As palavras mágicas "Rio" e "Stuttgart" parecem tê-lo desarmado completamente, pois de um momento para o outro estamos conversando cordialmente sobre beldades de pernas longas, torneadas e bronzeadas e sobre o tema preferido dos sul-americanos: o futebol. Fico aliviado. Que mudança repentina! A situação me serve de lição. Percebo que, com quase todos os latinos, a mudança adequada do tema para o futebol soma pontos. Ele fica tão concentrado na nossa conversa que acena para os outros carros, deixando-os passar sem controle. Neste momento, nossa conversa parece ser mais importante para ele. Quando finalmente me despeço, ele acena cordialmente.

No dia seguinte chego a General Alvear, pequena cidade a sudoeste de Mendoza. Mal acredito quando vejo o policial do dia anterior parado no acostamento e, já de longe, gesticulando bastante para chamar a minha atenção. Que grande coincidência, quase nem acreditamos que nos reencontramos. Ele não para de sorrir, um sorriso que vai de orelha a orelha. "Vamos almoçar?", pergunta, sem cerimônias, e aponta para um restaurante do outro lado da rua. "Se quiser, pode passar uns dias comigo e a minha família e descansar um pouco. Temos uma casa grande e não é longe daqui." Eu aceito o convite com prazer.

O resto do trajeto até Mendoza realmente me faz suar. À tarde, o termômetro sobe para 40°C na sombra e pedalar se torna uma tortura. O imenso calor me faz beber litros de água; não é raro que eu tome 12 litros de água num só dia. Sombra de árvore é algo que não existe e, ainda por cima, o vento cessou de vez. Tarântulas do tamanho de uma mão atravessam a estrada, sem se importar com o calor.

O vento forte do dia anterior varreu as sementes e os galhos dos arbustos para a estrada; os espinhos das plantas espetam os pneus. A todo momento, preciso parar e usar o meu material para panes. Às vezes, isso acontece várias vezes por dia. Em um dos reparos, tenho que tirar as bolsas do bagageiro, o que torna a ação muito mais trabalhosa e demorada. Depois de apenas duas semanas, meus dedos parecem dedos de coveiros, pois de tanto consertar a bicicleta, a graxa da correia entranhou nas minhas unhas e nos vincos da pele. Nem sabão dá jeito!

A 150 km de Mendoza, finalmente aparece alguma coisa no horizonte. O desenho da estrada, quase desumano de tão reto nos dias anteriores, de repente se inclina para cima. Será uma montanha? Será já uma extensão dos Andes? A cada pedalada, os contornos se tornam mais claros e nítidos. A ideia de poder começar a pedalar por regiões montanhosas gera em mim uma grande euforia. Com isso, a primeira grande etapa da viagem estaria terminada. Só mais alguns dias e chegarei à costa do Pacífico.

Passo alguns dias tranquilos em Mendoza. Meu corpo está tão desgastado pelo calor e esforço dos últimos dias que preciso de descanso. Não acredito quando subo numa balança e olho para o resultado. Perdi oito quilos durante a viagem desde Buenos Aires. Ainda bem que a minha mãe não está me vendo agora. Ela desmaiaria de susto se visse meu rosto encovado e os ossos do rosto saltados. Com muito afinco, concentro-me nos dias seguintes para corrigir estes danos no meu corpo, o que consigo sem problemas, graças aos deliciosos e enormes bifes.

A metrópole parece um oásis. Urbanizada com muito bom gosto e localizada ao pé dos Andes, a leste das montanhas, situa-se no meio da região vinícola mais importante da Argentina. Graças ao clima e à constituição do solo, as condições são ideais para o cultivo da uva. O vinho atrai muitos turistas estrangeiros, especialmente no período da colheita, no início de março, quando a cidade se transforma num grande mercado de artesanato, vinho, sangria e especialidades culinárias. O ponto alto é a escolha da rainha da festa no anfiteatro, acompanhada de muita música, dança e show de luzes.

O PRIMEIRO PASSO ANDINO

E chegamos ao que realmente interessa: o próximo grande destino se chama Santiago do Chile e para atingi-lo é preciso atravessar os Andes, cujos picos mais elevados atingem quase 7.000 m nessa região. A principal estrada de ligação entre Mendoza e Santiago do Chile é muito movimentada. Por isso, escolho uma estrada de cascalho mais afastada para a primeira metade do trajeto. É alguns quilômetros mais longa e leva a um outro passo, mas tem a vantagem de praticamente não ter trânsito.

Durante as oito horas de viagem, tenho a estrada praticamente toda para mim; encontro apenas meia dúzia de carros. A íngreme subida da montanha segue por inúmeras curvas e a estrada vista de cima parece uma serpentina. Passo por imensos rebanhos de vicunhas, as avós selvagens das alpacas. Estes animais são muito ariscos e desaparecem ao menor movimento. É incrível a rapidez e a destreza com que sobem as encostas rochosas. A lã de sua pelagem é a mais fina de todo o reino animal, muito macia e agradável de usar. Mas cada animal produz apenas meio quilo de lã por ano, o que encarece bastante os produtos de lã de vicunha. Um casaco feito deste nobre material pode custar até 20 mil dólares.

Apesar da estrada de terra e do peso da bagagem, avanço surpreendentemente bem. Subo a estrada do passo bem mais rápido do que eu imaginava e vejo a planície argentina desaparecer aos poucos atrás de mim. Com a altitude, a vegetação vai ficando cada vez mais escassa e a paisagem vai parecendo cada vez mais um deserto pedregoso, sem nenhuma planta. Quanto mais me aproximo do passo, piores são as condições da estrada e mais forte é o vento em direção contrária. Na altura do passo, a vista em direção ao Oeste é de tirar o fôlego. À minha frente, descortina-se uma imensa cadeia de montanhas com picos cobertos de neve; a paisagem é selvagem e inóspita. No pico das montanhas vê-se neste exato momento uma tempestade. Os raios saindo de nuvens negras me dão calafrios na espinha. Preocupado, monto a barraca protegida do vento ao lado de uma cabana abandonada de uma mina antiga e me deito exausto no saco de dormir. Se a tempestade vier para este lado durante a noite, estarei completamente exposto. O temporal está exatamente no caminho para Santiago. A ideia de atravessar essa região nos próximos dias me preocupa bastante.

Por sorte, a meteorologia me poupa. Na manhã seguinte, quando saio para subir para Uspallata, o sol forte me acompanha. Aquelas nuvens ameaçadoras do dia anterior sumiram completamente. Comparado com a véspera, sinto-me em outro mundo. É incrível como a hora do dia, as condições do tempo e o estado do corpo influenciam o estado de espírito. Desço a montanha sem ter que pedalar uma única vez. A região é lindíssima e extraordinariamente colorida. Bizarras formações rochosas marrom-avermelhadas e amarelas despontam diante de um céu azul cobalto. Mais atrás, avistam-se os picos branquinhos das montanhas, cobertos por neve fresca e, no vale ocre à minha frente, uma tira verde ondulada formada por árvores e grama contorna as curvas de um rio. O ar é seco e completamente limpo, a vista é clara e as cores são tão intensas como há muito eu não via.

Em uma alameda no vale encontro Alister e Anna, um casal de americanos que saiu do Alasca de bicicleta há dois anos e agora está a caminho de Ushuaia, na Terra do Fogo. O seu odômetro marca 28.000 km até agora; mais 4.000 km e eles chegarão à sua meta, no final do continente. Fico muito contente de vê-los, e nos acenamos já de longe. Estou curioso por saber o que têm para contar. Ambos têm menos de 30 anos. Anna terminou recentemente a faculdade de medicina e Alister é consultor ambiental. Com brilho nos olhos, relatam suas experiências de viagem. Falam do calor insuportável no México, da floresta tropical da Costa Rica, dos passos chilenos congelantes e da viagem pelos gigantescos lagos salgados da Bolívia. Falam com muito entusiasmo sobretudo da Colômbia, da hospitalidade e da boa vontade da população local, que, segundo eles, são únicas. Pela primeira vez, tenho vontade de pedalar até a Colômbia, mas é muito longe. Penso que nunca chegarei lá. Se eu conseguir chegar a Quito, no Equador, me dou por muito satisfeito.

Estou encantado com as histórias que eles contam e os admiro pela extraordinária experiência e pelas vivências estampadas em seus rostos queimados de sol. O próprio equipamento revela o quanto já andaram. O tecido dos seus alforjes está totalmente desbotado pelo sol, suas bicicletas estão bem gastas e há inúmeras etiquetas coladas no quadro. Alister me faz lembrar Forrest Gump; sua imensa barba dá a impressão de que se barbeou pela última vez no Alasca. Só se vê a sua boca quando ri. Os lábios estão totalmente escondidos pela barba. Já conheci muita gente simpática, mas encontros com outros ciclistas são muito especiais. É como encontrar irmãos de alma, pessoas às quais nos sentimos ligados de um modo particular, independente de nacionalidade, idade, profissão ou visão de mundo.

Com impulso renovado, continuo a viagem em direção à fronteira chilena. Pena que estejam viajando na direção contrária. Adoraria passar alguns dias em sua companhia.

Menos de duas horas mais tarde, no início do Passo Bermejo, ouço gritos atrás de mim. Viro-me e vejo bicicletas com bagageiros e quatro homens com camisetas de ciclismo sentados confortavelmente à sombra de uma rocha. Romain, Philippe, Anthony e Jean-Jacques são franceses. Há dois meses, também iniciaram em Buenos Aires a sua viagem de bicicleta. Sua meta é chegar no Canadá. Estudantes universitários, buscaram patrocinadores para financiar a empreitada e foram bem-sucedidos. Todos têm o mesmo modelo de bicicleta, com bolsas de selim amarelas idênticas, vestem a mesma jaqueta impermeável verde, as mesmas luvas pretas e tudo neles parece ser idêntico. No começo, nem consigo distingui-los. São muito parecidos com suas roupas iguais. Generosos, oferecem uma xícara de café assim que desço da bicicleta. Sento-me a seu lado. Decidimos viajar juntos a última etapa antes de Santiago. Depois de duas semanas sozinho de bicicleta, aproveito a troca de experiências com eles, poder andar sem vento de vez em quando e a boa companhia.

Um pouco antes do ponto mais elevado do passo vemos o pico do Aconcágua, com seus 6.962 m de altura, o ponto mais alto de todo o continente americano, coberto de neve. Majestoso, ergue o seu cume coberto por um cone de neve branca reluzente contra todas as outras montanhas. A visão é espetacular. Parece um gigante inatingível. Difícil acreditar que, do ponto de vista técnico, sua escalada seja considerada relativamente fácil. Na esperança de ter uma visão ainda melhor do pico, seguimos por um pequeno vale lateral exatamente na direção da montanha. Exatamente quando chegamos no final da estrada e nos sentamos em um banco de madeira, chega um ônibus de excursão. As portas se abrem e em alguns segundos estamos rodeados por um grupo de turistas de fim de semana fotografando freneticamente. Saímos correndo.

Cruzar a fronteira da Argentina para o Chile é tarefa complicada. Temos que preencher uma montanha de formulários quase do tamanho do Aconcágua e depois passar por vários guichês para carimbar os formulários. O conteúdo da nossa bagagem é minuciosamente vistoriado pelo agente, que apalpa quase todos os objetos, pergunta para que servem e de onde vieram. Passamos mais de duas horas para resolver todas as formalidades do controle alfandegário, o que é incomum e estranho para um europeu acostumado às facilidades das fronteiras abertas pelo Acordo de Schengen. Quando finalmente conseguimos sair do prédio, já no Chile, e respirar ar fresco novamente, sinto-me como se estivesse saindo da prisão.

Descemos a montanha sem precisar pedalar, seguindo a enorme serpentina do Passo Bermejo. Mais de uma hora de estrada sem precisar fazer um único movimento com o pedal, e mesmo assim avançamos a mais de 35 km/h. Passamos alguns dias em Los Andes, na casa de Eric Savard, um veterinário de Madagascar que até pouco tempo administrava a Casa dos Ciclistas. Na América Latina há diversos destes albergues gratuitos que oferecem aos ciclistas a possibilidade de parar um pouco, conhecer outros ciclistas e realizar algum conserto no equipamento. Os proprietários geralmente são pessoas que já empreenderam grandes viagens de bicicleta ou simplesmente gente generosa que gosta de ter contato com os viajantes. Armamos as barracas nos fundos da clínica veterinária, entre um canil e um galinheiro, e tomamos um banho no local onde durante o dia os cães são lavados e escovados. Bem humorado, Eric nos oferece um corte de cabelo de graça, mas com medo de ficar com cara de poodle depois da tosa, agradeço e declino.

As paredes da clínica são todas cobertas por fotos, e em todas, sem exceção, veem-se bicicletas com bolsas de bagagem. Uma foto mostra uma enorme jiboia em cima de um bagageiro e outra uma bicicleta com cestinha e um cãozinho dentro. "Fiz uma viagem de cinco semanas com este cara, um dos meus melhores companheiros de viagem." Tenho certeza de que suas histórias dariam para montar uma biblioteca. Na verdade, cada foto já é uma história. Diante de um grande mapa, recebemos várias dicas para continuar a viagem em direção ao norte. Ele parece conhecer muito bem o continente. Sou muito grato por suas recomendações.

Como os estudantes franceses têm orçamento baixo, não podem dar-se ao luxo de ficar alguns dias em Santiago e, por isso, logo seguem a viagem rumo ao norte. Fico um pouco melancólico por já ter de me despedir dos franceses. Trocamos endereços e contatos e combinamos de nos encontrar novamente no Peru ou na Bolívia. Quero muito conhecer Santiago. Por isso, faço uma pausa de uns dias, visito vários museus, uma vinícola e assisto a um show. A metrópole situada ao pé da cordilheira tem uma vida cultural agitada. Lugar ideal para arejar a minha cabeça exausta de tanto andar de bicicleta. Claro que também quero conhecer as noites sul-americanas. Embora já tenham me dito várias vezes que meu talento para dança equivale ao de um robô, aventuro-me em uma festa peruana de salsa num barzinho no centro da cidade. Sou bem mais alto do que o resto das pessoas na festa (tenho 1,85 m) e me sinto um pouco como um obelisco no meio do caminho. Não tenho a menor chance de me esconder no salão, só se ficasse sentado. O lado bom da história é que em poucos minutos sou tirado para dançar por uma moça peruana. Claro que aceito o convite, embora não entenda nada de música e nem de dança. Seguro a dama firme e fico ziguezagueando desengonçado no meio da pista cheia de pernas ágeis e saias curtas. Ainda bem que está meio escuro, assim ninguém vê direito meus movimentos desajeitados. Os tacos de metal da minha sapatilha de ciclismo não facilitam em nada e se revelam tão adequados para dançar quanto saltos altos para andar de bicicleta. O ar úmido e quente no local sem ventilação me deixa preocupado, mas o pessoal da festa apenas transpira muito. Quando saio do barzinho, depois da meia-noite, a festa está longe de terminar e ainda há muito movimento na rua.

A primeira etapa da viagem, na Argentina, está concluída, e os 1.700 km percorridos foram muito mais fáceis e menos complicados do que eu imaginara no início. A ideia de que daqui para a frente tudo vai correr tão bem como até agora me anima. Talvez até consiga ir avançar mais do que só até Lima, no Peru. Fico encantado com a ideia de chegar até o Equador ou até a Colômbia, que considero os dois países mais interessante de todo o continente, tanto culturalmente quanto em termos de paisagens.

Sigo por uma paisagem incrível ao longo da costa, ao pé da cordilheira. A pausa de alguns dias me fez muito bem, mas ao mesmo tempo sinto que sou atraído para fora da cidade. A sensação de estar andando pela famosa Panamericana acelera a minha pulsação. Fico emocionado só de ler a placa de indicação "PANAMERICANA". À minha esquerda, o Pacífico se estende até o horizonte; à direita, gigantescas montanhas se elevam até o céu, tudo exatamente como eu imaginara. Quase todas as noites acampo em total isolamento diretamente na praia, sem ver vivalma. Estamos no final de novembro e em breve completarei 33 anos. Pela primeira vez, passo este dia sozinho e sinto uma sensação estranha de não falar com ninguém conhecido. As únicas palavras do dia são as que troco com a vendedora do mercadinho onde compro os ingredientes do meu jantar. De resto, meus interlocutores são a bicicleta e a estrada. Não tenho acesso à internet e nem telefone, por isso, na noite do meu aniversário, fico sozinho na beira da praia de uma pequena enseada degustando o espaguete com atum que preparei e bebendo uma latinha de cerveja quente. Tim-Tim!

A paisagem ao longo da costa do Pacífico é fantástica. Imensos campos de papoulas amarelo-douradas alternam-se com cactos e arbustos verde-oliva, dunas de areia e formações rochosas marrom-avermelhadas. Os contornos da paisagem em uma faixa estreita perto da praia são suaves e arredondados. Logo depois, vem um trecho mais íngreme para culminar, no horizonte, com os altos cumes das montanhas. É um prazer pedalar pela planície, mas as montanhas nevadas do meu lado direito não me deixam em paz. Impaciente, olho no mapa e vejo que, uns 500 km ao norte de Santiago, há uma estrada que passa pela cumeeira principal da Cordilheira dos Andes em direção à Argentina. Não penso muito e, em La Serena, deixo a Panamericana. Não resisti à visão das montanhas por muito tempo.

O passo de quase 4.800 m se chama "Água Negra" e, segundo o meu mapa, é uma pequena estrada não pavimentada. Esta rota também vai exigir bastante do meu condicionamento físico, pois em apenas 250 km atinge-se a altitude máxima. Isso significa que tenho pouco tempo para me adaptar à diferença de altitude. Além disso, a estrada de terra exigirá mais força das minhas pernas e as grandes distâncias entre os locais de abastecimento me obrigarão a transportar grandes quantidades de água e mantimentos. Planejo concluir o trajeto no máximo em três dias, passando a primeira noite a 1.800 m de altitude, a segunda a 3.000 m e atingindo o passo no terceiro dia. É bem difícil planejar esta etapa. Mesmo após muita pesquisa na internet e consulta minuciosa aos mapas, não tenho certeza se consigo calcular bem as dificuldades e os perigos deste trecho. Como vou reagir ao frio congelante, ao ar rarefeito, ao cansaço e à solidão, e o que acontecerá se surgirem problemas técnicos com a bicicleta ou se eu sofrer uma queda em lugar tão isolado?

Por cautela, pergunto no posto de polícia de La Serena sobre as condições da estrada e recebo a informação de que ela está totalmente sem neve. No último vilarejo antes do passo compro mantimentos para o trajeto e fico em dúvida sobre o quanto levar. Será que tenho pão, macarrão, atum e molho de tomate suficientes para o trecho que vou percorrer? Por um lado, não quero carregar montanha acima nem um grama a mais do que o necessário, por outro, tenho que ter alguma reserva, caso demore mais tempo do que o previsto.

No início, a estrada do passo cruza o Vale Elquil, onde se encontram os vinhedos da famosa bebida pisco. A paisagem é estéril e rochosa, apenas ao longo dos riachos ou em lugares irrigados se vê a cor verde. As encostas se elevam muito íngremes a partir do estreito vale e tornam-se paredes de rocha quase verticais. As áreas planas são muito bem utilizadas para plantio, pois as plantações seguem até o último ângulo possível da encosta. Quase impossível imaginar o quanto deve ser árduo e cansativo o trabalho nesta área. Passo pelas plantações no final do dia; um grupo de pelo menos 30 trabalhadores está na estrada e espera o ônibus. Quando passo por eles, digo "*hola*" bem alto e 30 rostos surpresos viram-se para mim e respondem em coro: "*hola*". Há enormes redes esticadas entre os campos para quebrar um pouco o vento do Pacífico, que é constante aqui. O assovio destes captadores de vento cria uma atmosfera fantasmagórica no vale, agora já bem escuro. Já estou contente com a mãozinha invisível que finalmente estará a meu favor dando um empurrãozinho, transformando a subida gradual numa diversão sem grande esforço.

A fronteira entre o Chile e a Argentina está localizada na altura do passo, mas a alfândega chilena fica 65 km antes da fronteira, ainda no sopé. É um prédio grande e moderno no meio de uma paisagem estéril e aparentemente sem vida. Cerca de cinco funcionários trabalham no local, alguns deles ficam hospedados em um edifício ao lado e voltam para casa de 15 em 15 dias. Parecem ter uma rotina de trabalho bem tranquila, pois por um bom tempo eu sou a única pessoa que está ali para atravessar a fronteira. E eles gentilmente oferecem: "O senhor pode pernoitar aqui se quiser. Temos algumas camas livres no dormitório, pode se acomodar." Ainda é cedo e eu prefiro viajar mais algumas horas, mas aproveito para tirar uma soneca no confortável sofá da sala de espera e tomo um café com bolo com uma funcionária. Que pena que não cruzo uma fronteira por dia!

Antes de continuar a viagem, confirmo com um funcionário se foram efetuadas todas as formalidades com o passaporte e se posso seguir para a Argentina. Interpreto o gesto cansado que ele faz com a cabeça e as frases que balbucia de forma ininteligível como: "Sim, pode ir andando." O que eu não sei é que teria que parar na barreira, 10 m depois do prédio principal, para entregar para outro funcionário um formulário de controle carimbado. Mas não há ninguém na guarita de madeira. No embalo, entusiasmado com a ida para a Argentina, passo ao lado da barreira, meu MP3 tocando a todo volume. Pouco depois vejo no espelho retrovisor uma nuvem de poeira atrás de mim. Um carro avança numa velocidade ameaçadora e eu mal consigo escapar para o acostamento. Alguma coisa está errada. O carro passa à minha direita e dá uma freada brusca. O motorista desce do carro com cara de bravo e caminha na minha direção com as mãos na cintura. Parece que entrei em conflito com as leis argentinas novamente, pelo menos é o que o gestual do nosso amigo indica. "O senhor não viu a barreira fechada?", ele pergunta num tom claramente rude. "Pensei que com o carimbo no meu passaporte e com os formulários preenchidos estivesse tudo resolvido e eu pudesse passar", me faço de desentendido. Sem dizer uma palavra ele puxa da minha mão o formulário de controle, entra no carro e desaparece.

A subida para o lago da barragem La Laguna é magnífica. Durante toda a tarde passa por mim apenas uma moto, na direção oposta, com dois brasileiros que fazem o sinal de positivo. De resto, estou completamente só neste amplo vale. As encostas das montanhas se parecem com imensas paletas de tintas. Jamais havia visto rochas e solo com tons tão intensos de vermelho e alaranjado. O contraste com o azul-turquesa das águas do lago parece surreal. É um mundo bizarro – colorido, belo, fascinante por um lado, pois totalmente inexplorado, cheio de formas suaves e arredondadas. Por outro lado, contém algo assustador, por causa do isolamento. Em vão, procuro vestígios de vida entre as esculturas de pedras e os campos de terra. Cada nova curva do vale revela novos panoramas de montanhas, que exibem suas cumeeiras e cimos contra o céu completamente azul. Vejo no mapa que alguns picos atingem mais de 6.000 m. O silêncio no vale é especial, durante horas meus ouvidos não escutam nada além do barulho da água nos riachos, o ranger dos pedregulhos na estrada e o meu peito ofegante.

O sol ainda não apareceu por trás das montanhas quando parto na manhã seguinte em direção ao passo. Avisto as primeiras sinalizações de altitude e constato que já estou a 4.000 m acima do nível do mar. Meu condicionamento físico continua excelente; não sinto dor de cabeça e nenhum sinal de cansaço. O vale vai ficando mais largo. À minha frente abre-se um gigantesco vale em forma de "U" que se subdivide em vários vales secundários. A estrada segue em curvas encosta acima, consigo visualizar seu trajeto apenas parcialmente, os aclives interrompem a visão completa. Começo a pedalar mais devagar para economizar forças, pois percebo que a partir de 4.200 m o ar rarefeito começa a me afetar.

Um pouco mais tarde, um carro me ultrapassa. Ele passa ao meu lado na mesma velocidade que eu e os passageiros cravam os olhos em mim. Cerca de 30 m à minha frente o carro para, o vidro da janela desce e uma câmara fotográfica surge e clica na minha direção. Como ciclista, em áreas planas nos sentimos incomodados por veículos motorizados. Mas aqui, nesta situação, fico contente com o encontro. Embora só tenha visto a lente da câmera depois de muitas horas de solidão, esse encontro me dá a reconfortante sensação de não estar completamente sozinho.

Com maiores altitudes, o horizonte se alarga e aos poucos se dissipa a sensação de angústia que me abateu nos últimos dias, enquanto passava por vales estreitos e profundos. Do outro lado do vale vê-se uma enorme geleira, com fendas e falhas gigantescas – a vista é extasiante. Como vou perdendo o fôlego gradualmente, tenho que parar de pedalar várias vezes e empurrar a bicicleta pela estrada de pedregulhos. Cada vez com mais frequência, paro de andar e me debruço ofegante sobre o guidão. A partir de 4.500 m, minha cabeça começa a latejar, sinto como se minhas têmporas estivessem presas entre os mordentes de uma morsa e, mesmo depois de longas pausas, minha pulsação não volta ao normal. A estrada em longos ziguezagues segue interminável pelos vales laterais; levo às vezes meia hora, de uma curva à outra, arrastando-me montanha acima. Passo por imensos campos com os chamados "penitentes", formações na neve causadas pelos fortes ventos e cuja superfície é pontiaguda, devido ao derretimento irregular. O gelo em forma de lanças atinge mais de um metro de altura e cria uma paisagem bastante incomum.

Poucos metros antes do passo, um jipe me ultrapassa em velocidade muito baixa. Quatro rostos admirados me fitam. Uma janela se abre e ouço a pergunta sobre minha origem, formulada num inglês com sotaque da Baviera: "*Where are you from?*". "*Stuttgart, Germany*", respondo com meu inglês com sotaque da Suábia. "Ah, então somos quase vizinhos, nós somos de Munique", responde o motorista em alemão. Fico muito contente de poder dividir a alegria de chegar ao topo com eles e poder expressá-la na minha própria língua. Tiramos algumas fotos em frente à placa que marca o limite do passo – a placa está completamente arranhada por causa das tempestades de areia – e nos apressamos em nos despedir, pois o vento está muito forte e o frio entra pelas frestas da minha roupa molhada de suor.

Começo a descida do outro lado do passo, que agora está na sombra. Por muitos quilômetros a estrada desce em íngreme ziguezague e a todo momento tenho que desviar de poças d'água congeladas que se formam no início da tarde a partir da neve derretida e representam um grande perigo. A temperatura está por volta de 0°C e apesar de vestir jaqueta à prova de vento, calça térmica, gorro de esqui e luvas, sinto o frio percorrendo minhas pernas e braços. Ele parece aumentar a minha dor de cabeça. Tento evitar qualquer tipo de esforço adicional. Não me resta mais muito tempo até o pôr do sol e preciso passar a noite abaixo de 3.500 m. Caso contrário, a baixa temperatura e o ar rarefeito transformarão esta noite em um pesadelo. Meus braços e pernas tremem de frio, estou exausto e quase não consigo mais me equilibrar sobre o selim, mas não encontro lugar mais apropriado para passar a noite. Só depois de escurecer e com a luz da lua, vejo uma antiga cabana ao lado da estrada de pedras. Não parece nada convidativa, mas pelo menos ali o terreno é mais ou menos plano e as ruínas das paredes oferecem certa proteção contra o vento. Quando entro no saco de dormir, fecho os olhos e consigo esquecer o estresse, sinto uma felicidade indescritível. Mal posso acreditar que cruzei os Andes pela segunda vez. O que mais poderia me deter agora?

Já no dia seguinte, quando me aproximo da pequena cidade de Rodeo, minha euforia leva um banho de água fria. Embora seja descida, avanço muito lentamente, apesar de fazer um grande esforço, pois o "zonda" sopra com toda força na direção contrária. Zonda é o nome do vento quente e seco, forte e implacável, e que permanentemente ocasiona tempestades na região de Rodeo. Graças ao vento constante, o "Dique do Vento", situado ao lado do vilarejo, é conhecido mundialmente entre os que praticam *windsurf* e *kite*. Folhas secas e ramos rodopiam pelos ares, as árvores da alameda na entrada da cidade sacodem tanto que parecem capim ao lado de um rio, e o assovio é ensurdecedor.

Há dias não como nada além de um simples macarrão e pequenos lanches. Sinto um enorme desejo de comer uma refeição decente e tomar uma cerveja gelada. Pergunto onde há um restaurante, mas é domingo à tarde e a cidade está totalmente deserta. Um senhor de idade me indica uma casa, diz que é um restaurante, embora de fora não dê para notar. Na esperança de fazer o meu estômago parar de roncar, bato na frágil porta. A porta se abre e uma senhora me diz sorrindo generosamente e me conduzindo até a sala de estar: "Entre, vou preparar algo para você comer". Pouca mobília, algumas fotos de família emolduradas nas paredes. Não se pode dizer que seja aconchegante. O piso de cimento e a lâmpada pendurada pelo fio dão ao lugar uma atmosfera um pouco fria e pela janela entra pouca claridade. Sobre a mesa de refeições estão os brinquedos da sua filha, que olha como que hipnotizada para uma velha televisão ligada. Está passando os *Simpsons*. Fico surpreso que Bart Simpson fale tão bem espanhol, nunca o tinha ouvido falar esta língua. Um pouco sem jeito, sento-me com a menina à mesa e observo o ambiente. Estar sentado na sala de pessoas desconhecidas, vendo todas as fotos de família e objetos pessoais dá uma sensação estranha. A mulher não parece nem um pouco incomodada e, depois de 15 minutos, aparece com um prato de empanadas de carne e legumes. Não chega a ser uma comida elaborada, mas naquele momento parece a maior iguaria que se possa imaginar. Como com muito prazer. Com a cerveja gelada, então...! Para espanto da dona da casa, peço uma segunda e uma terceira porção. Que delícia! Há tempos que eu não comia com tanto gosto, sinto-me como se fosse Natal. O que eu mais gosto no esporte, especialmente no ciclismo, ou melhor, na viagem de bicicleta, é justamente esta mudança de percepção e o fato de passar a valorizar as pequenas coisas do cotidiano. Muitas pequenas coisas do dia a dia, como poder fazer uma refeição quente, ganham um novo sentido, e as impressões e sentimentos são vividos com muito mais intensidade. Para o meu paladar, tudo funciona como um intensificador do sabor – com a vantagem de não ter efeitos colaterais.

No dia seguinte, minha viagem continua por um cânion estreito ao lado de um rio caudaloso. Grandes árvores cobrem uma pequena faixa do estreito vale, e entre elas veem-se vacas, ovelhas e cabras pastando. Quanto mais longe do rio, mais árida se torna a vegetação. Aos poucos, o verde intenso das árvores dá lugar ao verde-oliva dos arbustos e cactos. E no meio desta paisagem avistam-se alguns vilarejos e sítios. Finalmente volta a haver vida por perto. As marcas da civilização me acalmam depois dos dias solitários no deserto. Ainda sinto nos músculos o esforço que fiz para cruzar o passo; ainda vou precisar de uns dias para me recuperar plenamente. Sinto dores musculares nas pernas e ao menor movimento de subida minhas coxas ardem como se em vez de sangue circulasse ácido clorídrico nas minhas veias. Atrás de um pequeno passo, uma planície se estende à minha frente. A viagem pelo mundo maravilhoso do Passo Água Negra foi uma experiência maravilhosa e inesquecível, mas fico aliviado em ver a planície que me levará rumo ao Norte nos próximos dias e que me custará uma fração da energia que gastei no passo.

No final do último ziguezague da estrada chego a uma guarita de controle da polícia. A estrada é bloqueada por uma barreira e uma placa vermelho e branca. Vamos fazer tudo direitinho, chega de confusão com as autoridades argentinas, penso. Comportado, desço da bicicleta e fico parado esperando. Mas nada acontece. Deve ter alguém na guarita, pois ouço um rádio bem alto, uma mistura de música e barulhos. A antena do aparelho barulhento foi substituída por um pedaço de arame enferrujado – com certeza, coisa do milênio passado. Em frente à guarita, um cão dorme tranquilamente. Quando chego, levanta a cabeça e me olha brevemente, mas logo volta, preguiçoso, à posição de antes e fecha os olhos. "Alguém aí?", pergunto, cauteloso. Suponho que o funcionário dentro da guarita esteja fazendo o mesmo que o cão. Depois de um tempo, um senhor de mais idade vestindo uniforme da polícia sai de dentro da casinha. Olha para mim surpreso: certamente não esperava encontrar um ciclista. É bem corpulento, mal passa pela porta. Se engordar mais um pouco, seu trabalho vai ficar mais complicado. Ele caminha na minha direção e os poucos passos já o deixam ofegante, sua testa começa a transpirar. "Bom dia. Controle!", esclarece com expressão séria no rosto e logo se apoia cansado sobre a barreira. "Bom dia", respondo um pouco tenso. Na Alemanha, raramente somos parados e controlados por funcionários uniformizados, por isso não sei avaliar muito bem o que se passa. O policial pega um formulário e começa a fazer uma série de perguntas que parecem piada. É sério isso? Ele quer saber, por exemplo, onde comprei a bicicleta, há quanto tempo e quanto custou. "Que objetos o senhor tem aí?" Meticulosamente, anota tudo no formulário: uma barraca, um saco de dormir, um fogareiro, camisetas... Estranha, a burocracia argentina. O que eles fazem com estes dados? Algumas perguntas quase me fazem rir. Não consigo imaginar que estas informações sejam realmente relevantes para algum motivo sério. Tenho a impressão de que o policial não quer me deixar ir embora, pois, mesmo depois de ter preenchido todo o formulário, continua a fazer perguntas. Como é comum na América Latina, passa a falar de futebol, depois seguem perguntas sobre a minha viagem e, por fim, quer saber sobre a minha família. "Você tem 33 anos de idade e ainda não tem filhos e nem é casado? Qual é o seu problema? Você é homossexual?" Ele não acredita e me pergunta brincando se eu preciso de ajuda para encontrar uma namorada. "Tenho umas sobrinhas bem bonitas, quer que lhe apresente?" A conversa em tom de interrogatório no início começa a ficar cada vez mais coloquial e lá pelas tantas tenho a impressão de estar falando com um amigo. Acho que sou uma boa mudança na sua solitária rotina de trabalho. Percebo que ele está contente em finalmente ter alguém para poder conversar um pouco. Que transformação! Recordo o policial em Mendoza, há três semanas, que primeiro me intimidou e no decorrer da conversa foi ficando mais descontraído e, no final, me convidou para ficar na sua casa. Impossível imaginar uma situação semelhante na Alemanha, com uma mudança tão radical no clima da conversa. Nossos policiais são muito rigorosos e reservados. Ao se despedir, o guardador do deserto me deseja "muita sorte, amigo!" e levanta a barreira.

Novamente a estrada é quase só minha. Aqui e acolá, encontro outro veículo. Chego ao Vale da Lua e constato que o nome não poderia ser mais adequado, pois é exatamente como sempre imaginei a paisagem em outros planetas ou na lua. Do chão marrom-avermelhado, deserto e poeirento, erguem-se formações rochosas que, de longe, se parecem com aliens petrificados. E, no meio deles, cactos de um metro de altura, como nos quadrinhos do Lucky Luke.

Durante uma curva, remexo no bolso de trás da camiseta para tirar uma maçã, sem perceber que vou parar na pista contrária. Exatamente neste momento um carro me ultrapassa em alta velocidade e passa a apenas alguns centímetros de mim. Não o vi pelo retrovisor e nem ouvi ele se aproximando. O susto quase faz congelar o sangue nas minhas veias. Mesmo numa região tão calma e aparentemente inofensiva, temos que contar com o perigo. Um momento de desatenção pode trazer consequências fatais.

Chego a San José de Jáchal debaixo do calor abrasador do meio-dia. O centro da cidade está deserto, é hora da sesta. As lojas e a maioria dos restaurantes também estão fechados; com temperaturas assim é simplesmente impossível trabalhar. As poucas pessoas que vejo parecem descontraídas, estão sentadas comodamente nos bancos da praça ou então de pé, conversando. Todos parecem ter muito tempo. Há pouco tráfego nas ruas. Além de alguns carros bem antigos, vejo principalmente carroças puxadas por cavalos ou mulas circulando pelas ruas poeirentas. Vou até uma lan house para ler meus e-mails. O lugar minúsculo, escuro, cheio de fumaça, computadores e telas está lotado. Dezenas de adolescentes se empoleiram atrás de computadores obsoletos, todos jogando videogames de tiro. Dá para ouvir sua concentração nos barulhos nervosos dos teclados, nos gritos ensurdecedores e na expressão retorcida dos rostos. Sento-me à frente de um dos computadores, ligo a tela antiga e empoeirada e começo a digitar no teclado imundo. Na parede está o aviso: “Proibido fumar”. Mas aqui ninguém parece se importar. O lugar está tão enfumaçado que mal se consegue respirar. A gritaria da garotada é insuportável. Meia hora depois estou quase explodindo de nervoso e ensopado de suor. Educadamente, peço para os garotos ao meu lado gritarem um pouco menos, mas depois de alguns minutos eles voltam ao volume inicial. Que lugar horrível! Como é possível uma atividade tão sem graça e sem sentido gerar tanto entusiasmo! Não consigo entender e fico com raiva dos fabricantes dos jogos de computador, responsáveis por gerar esses gritos e espasmos.

À noite, toda a população se reúne no vilarejo. A temperatura está suportável e um ventinho fresco sopra pelas ruazinhas. As lojas estão todas abertas, e os restaurantes, cheios de gente. No quiosque na praça central, vende-se sorvete, doces, hambúrguer e salsicha. De bebês de colo até bisavôs de cadeira de rodas, todos estão na praça, sentados nos bancos, de pé em pequenos grupos, ao redor de pequenas mesas tomando cerveja ou jogando cartas, todos conversando no volume máximo, típico na América Latina. Para alguém da Europa Central, como eu, é um ambiente fora do comum e, depois de tantos dias nos lugares mais afastados dos Andes, preciso me acostumar aos poucos com o contraste. Sinto-me um corpo estranho nesta coletividade, como um animal selvagem e solitário que se aproxima da civilização pela primeira vez e, tenso e inseguro, observa o que acontece. Sinto-me excluído, isolado e muito solitário. Nunca imaginei que fosse me sentir assim. É estranho que este sentimento apareça justamente agora e não nos dias anteriores naquele deserto montanhoso sem uma vivalma, onde eu estava realmente sozinho. Por tudo isso, sinto-me liberto alguns dias depois, quando sento novamente na bicicleta e sigo a viagem. A escassa vegetação de arbustos e cactos me relaxa e acalma. Bandos de papagaios verde-esmeralda sobrevoam a minha cabeça, ouço seus gritos de longe. Eles parecem enfurecidos, quase como se quisessem me fazer desaparecer dali. “Some daqui, intruso!” No início da tarde, o sol a pino aquece tanto o solo que à noite, na barraca, tenho a impressão de estar deitado sobre um lençol térmico. Suo muito e viro de um lado para o outro. Só depois da meia-noite a temperatura se torna um pouco mais amena.

Raramente passo por regiões habitadas, mas toda vez que chego perto da civilização, ela se anuncia de uma forma não muito agradável. No acostamento, aparecem garrafas pet, fraldas, latas de conserva, sacos de plástico – há lixo espalhado por toda parte e, no ar, um cheiro de decomposição. Meus olhos ardem com a fumaça da queima de lixo, o cheiro que se espalha é terrível. Como podem tratar tão mal o meio ambiente? Não compreendo, mas depois de muito refletir chego à conclusão de que o lixo que eu produzi também vai parar em um lugar assim. Por que ninguém faz nada? As pessoas não se incomodam com a fumaça e o cheiro?

Quanto mais avanço para o norte, mais o marrom-avermelhado da paisagem se transforma em verde intenso. O imenso rio de águas escuras que segue paralelo à estrada traz a vida de volta. Os arbustos vão ficando cada vez mais densos e, quando vejo, estou no meio de uma paisagem totalmente verde, de campos com vacas, carneiros e cabras.

O cheiro das plantas, o canto dos pássaros, os diferentes tons de verde das plantas e das árvores me deixam novamente respirar fundo. O deserto é um lugar único e fascinante, com uma magia especial. Mas, depois de algum tempo, este vazio mágico se transforma em um peso interior, e eu sinto a necessidade de retornar para uma paisagem mais acolhedora. O mapa indica que não estou longe de uma localidade com um nome muito promissor: Alemanía. Imagino que encontrarei imigrantes alemães neste local, por isso saio um pouco da rota e dou uma passada por esta suposta colônia alemã. Durante o século XX, muitos alemães deixaram a sua pátria por motivos políticos, econômicos e religiosos e vieram como imigrantes para a América do Sul. A maioria se estabeleceu na região sul do Brasil, no Chile e na Argentina, muitos de seus descendentes ainda falam alemão. Seria interessante falar com os imigrantes!

Curioso, passo pela antiga ponte de ferro que leva ao pequeno vilarejo, mas não vejo nada além de poeira, mato e um silêncio absoluto. "Olá, alguém aí?" O pequeno grupo de cerca de 15 casas e uma pequena estação ferroviária parecem abandonados. Não vejo uma vivalma. O capim alto sobre os trilhos da linha férrea indica que há décadas não passa mais trem por ali. Da praça central, com arbustos tão crescidos que dificultam a vista, vejo a fachada abandonada de um antigo depósito, uma casa com uma placa desbotada da Coca-Cola sobre a porta principal e outras casas caindo aos pedaços, com janelas quebradas – tudo isso dá ao lugar um ar de cidade-fantasma. Não sei bem se o silêncio me alivia ou me aflige, mas tenho certeza de que pegar a estrada novamente e sentir a brisa fresca no rosto me traz um grande alívio.

Alguns meses mais tarde encontro informações sobre este lugar misterioso no site de uma revista alemã. O povoado surgiu em 1912, depois que o governo argentino decidiu construir uma ferrovia ligando Salta à cidade de Cafayate. Rapidamente, espalhou-se a notícia de que os operários e engenheiros da ferrovia eram bem pagos, o que atraiu muitos aventureiros e trabalhadores de minas de ouro e prata da Bolívia.

Em pouquíssimo tempo, o vilarejo se tornou uma próspera cidadezinha entre 1916 e 1920, com posto de polícia, escola primária e centro de saúde. O sonho de enriquecer da noite para o dia criou um ambiente de Velho Oeste na cidade. As festas duravam dias e tinham salvas de tiros. Leio na internet ainda que era mais fácil conseguir vinho do que água na cidade. Quando a ferrovia ficou pronta, muitas pessoas da região vinham para essa cidadezinha onde ficava a estação final, para dali viajarem até Salta.

A Primeira Guerra Mundial acabou com o projeto. O fornecimento de trilhos e matéria-prima da Europa, especialmente da Alemanha, foi suspenso, e os investidores procuraram novos alvos. Apenas o trecho entre Salta e Alemanía foi concluído. A continuação da ferrovia para o sul, até a cidade de Cafayate, nunca saiu do papel. Alemanía ficou sendo, literalmente, o fim da linha e, com isso, sua ruína era prevista. Os jovens começaram a sair da cidade e, em 1971, a linha de trem foi definitivamente interrompida. Segundo informação do cônsul honorário alemão em Salta, o nome Alemanía se deve aos muitos operários e engenheiros alemães que trabalharam na construção da ferrovia. Pena! Eu teria que ter passado por ali há 95 anos. Tarde demais!

VULCÕES, FLAMINGOS E FOLHAS DE COCA

Planejo mandar fazer uma revisão geral na bicicleta em Salta. Mais de 15 raios da roda traseira quebraram durante as últimas seis semanas. Não resistiram ao peso da bagagem e às estradas de terra por onde passei. Com os buracos da estrada, os raios quebram como se fossem de madeira. É frustrante. Se não substituo imediatamente o raio quebrado, o freio toca na roda, por causa do aro empenado. Também corro o risco de outros raios quebrarem por causa do aumento da pressão. É claro que os raios quebram sempre do lado direito da roda traseira, o que significa ter que desmontar o pinhão. Em Salta, troco os raios brasileiros por argentinos. Não parecem ser mais resistentes, mas não tenho outra escolha. Tenho de me contentar com o material que encontro por aqui.

O Passo Jama me conduz a San Pedro de Atacama, no Chile, a poucos quilômetros da fronteira com a Bolívia. Levo dois dias para subir até 4.500 m de altitude e alcançar o planalto com enormes lagos salinos, áreas com muitas pedras soltas resultantes de erosão e uma fauna especial, com vicunhas, flamingos e lhamas selvagens. Monto a barraca para pernoitar poucos quilômetros acima do Cerro de los Siete Colores, a colina com sedimentos em sete cores. Um leito seco de rio me abriga do vento forte e barulhento que corta o vale. Raspo todo o macarrão da panela enquanto admiro o espetacular pôr do sol. Depois, exausto, deito-me no saco de dormir. O chão é muito irregular, e como o colchonete isolante é fino, sinto as pontas e cantos das pedras espetando as minhas costas. Mas estou por demais cansado para me preocupar com isso agora, e alguns segundos mais tarde já estou em sono profundo. De repente, depois da meia-noite, levo um susto. Ouço vozes e o barulho do casco de cavalos. Nervoso, abro o zíper da barraca e olho. Não muito longe de mim vejo um grupo de cerca de quinze pessoas, algumas a pé, outras a cavalo, mulas ou pôneis.

Um cão vem na minha direção, circunda a barraca e cheira a minha bicicleta. Alguns rostos me olham curiosos, o foco das lanternas apontado para a minha barraca. Algumas mulheres carregam objetos presos às costas por tecido. Olho mais uma vez e vejo que carregam crianças. Inseguro e receoso, falo bem alto: "Olá, boa noite, como estão?" Eles respondem com gentileza, mas continuam sua caminhada, sem ligar para mim. Quando já não distingo mais as luzes do grupo, fico aliviado e volto a cair num sono profundo.

No dia seguinte, a estrada me leva por inúmeras curvas fechadas até o primeiro passo. O Passo Jama é, na verdade, uma sequência de passos, todos acima de 4.000 m. O mais alto de todos chega a 4.900 m. A vista do vale e da estrada em ziguezague, que aos poucos vão desaparecendo atrás de mim, é de tirar o fôlego. Sinto que o ar vai ficando mais rarefeito e meus pulmões quase saem pela boca. Chego ao passo exausto e paro para tirar uma foto da placa do passo. Opa! O que é isso? Na placa está colado um adesivo da rádio SWR3, uma rádio da minha cidade, Stuttgart. Impossível imaginar uma recepção mais original!

Ainda estou parado em frente à placa quando um casal jovem se aproxima e me estende um saco plástico cheio de folhas secas bem sob o meu nariz. "Ponha algumas folhas entre os dentes e a bochecha. São folhas de coca, um remédio totalmente natural, e sem efeito colateral, contra o mal de altura, os incas já usavam", afirma a jovem, enquanto me passa um punhado de folhas secas. Com a boca cheia de folhas, sigo para o outro lado do passo, para o planalto, e, fora uma dormência na língua e a sensação de estar mastigando uma ponta de cigarro, o *doping* inca não afeta muito o meu bem-estar. Minha cabeça continua latejando como se tivesse sido atingida por uma marreta.

A estrada passa por Salinas Grandes, um imenso lago salino seco situado a 3.450 m de altitude. Entro por um caminho estreito e, por alguns minutos, pedalo sobre a crosta de sal. Em algumas partes ela é macia e difícil de passar, em outra partes, dura como concreto. Naquela altitude, o ar é gelado. Ao mesmo tempo, o sol a pino brilha sem nenhum filtro no céu azul cobalto. A superfície de sal, lisa como um espelho e branca como a neve, reflete a luz também de baixo para cima. Meu corpo não sabe se congela ou transpira, é uma sensação muito desagradável.

Paro numa casa isolada, no meio do nada, na esperança de poder passar a noite ali. No início, a dona tenta me mandar embora, pois ela não pernoita e a casa fica sozinha. Depois de uma longa negociação, ela finalmente me oferece para ficar na casa. Na manhã seguinte, devo simplesmente fechar a porta com a chave e escondê-la sob uma pedra ao lado da casa. Fico feliz com quatro paredes sólidas à minha volta, pois a ventania segue até altas horas da noite e vejo raios no horizonte. Seria muito desagradável estar na barraca agora, exposto à tempestade. Também é estranho estar nesta casa escura, isolada e sem eletricidade, mas é a melhor coisa que poderia ter me acontecido. É óbvio que a casa não estava marcada no meu mapa. Foi sorte encontrá-la.

No dia seguinte, seguindo por um segundo passo, chego a outro lago salino. O vento sopra forte a meu favor; com isso, sigo sem esforço por mais uma hora, a 30 km/h pelo enorme planalto. Quatro ônibus de viagem novos e vazios me ultrapassam e vejo pelas janelas que os assentos ainda estão forrados com plástico. Imagino que venham da Argentina para serem entregues a alguma empresa no Chile. Um deles para ao meu lado, e o motorista, com a cabeça para fora da janela, gentilmente pergunta enquanto ultrapasso o ônibus: "Quer carona? Pode escolher qualquer um dos 70 lugares vazios!". Logo agora, com esse vento a favor, está ótimo pedalar; seria uma pena aceitar a carona. Agradeço. Durante muito tempo vejo os quatro ônibus na minha frente, até eles e a nuvem de poeira desaparecerem no reflexo do asfalto quente.

O vento vai ficando mais forte e mudando de direção no decorrer do dia. À tarde, sopra com toda a força na direção contrária a mim, de modo que mal consigo avançar. Pedalar torna-se um exercício muito pesado. Mesmo sem passar dos 10 km/h, minhas pernas vão ficando cada vez mais cansadas e pesadas, e começo a sentir uma dormência no corpo todo, por causa da baixa glicemia. As articulações dos joelhos doem e ouço um zumbido persistente no ouvido e na cabeça. Por que não aparece um ônibus agora para me oferecer carona? Faço uma pausa, recupero um pouco as energias, mas o vento é tão forte e desagradável que logo continuo. As rajadas de vento com areia e pedrinhas atingem o meu rosto como se fossem tapas. Melhor continuar a luta em cima da bicicleta. Por mais que eu pedale, a qualquer diminuição da velocidade, tenho a sensação de que vou cair. Sinto-me indefeso. Algumas horas antes, com o vento a meu favor, eu deslizava pela estrada como se nada pudesse me deter. De um segundo para outro, este mesmo elemento é meu pior adversário, um verdadeiro inimigo, que me deixa exausto e abatido. A mudança pode ser muito rápida. O pior é que não há o que fazer, ou melhor: qualquer coisa que eu fizer não resolverá nada. O que eu mais queria era um local para me abrigar, com um vento destes não dá para pensar em acampar. Nesta paisagem completamente plana e sem contornos, não há o menor sinal de um local para me proteger da força da natureza.

Esgotado, consigo chegar a um pequeno povoado que cresceu próximo ao posto de controle da fronteira entre a Argentina e o Chile.

A aparência das precárias construções é deprimente, muitas estão inacabadas, sem reboco, há muito material de obra espalhado. A estrada não é pavimentada, e os vidros dos carros estacionados por ali têm uma grossa camada de poeira. Não há hotéis, mas o posto de gasolina oferece pernoite. Fico entusiasmado, mas só até o frentista me informar que todos os quartos já estão ocupados. Não há outro lugar para se hospedar neste povoado, e o local mais próximo fica a algumas horas de carro. Pergunto a um rapaz de moto se posso armar minha barraca ao lado da sua casa, pois seria a única forma de me proteger um pouco do vento cruel. Ele me olha um pouco cético, mas depois responde generosamente: "Claro que pode. Se quiser, também pode dormir na nossa casa, se não se incomodar com meus filhos pequenos. Eles têm cinco e dois anos e fazem muito barulho. Meu nome é André, seja bem-vindo!"

André me leva para a sua casa e me apresenta a sua esposa, Victoria. Ambos têm vinte e poucos anos. Vieram para cá há quatro anos, pois ele não encontrava emprego em Susques, sua cidade de origem. Aqui, trabalha como mecânico do gerador a diesel, que funciona 24 horas por dia e fornece energia para o povoado. Victoria toma conta das crianças. A casa deles tem duas partes: a sala, com uma lareira, e outro cômodo sem janelas, separado apenas por uma cortina. A outra parte tem um colchão no chão que ocupa metade do quarto e, ao lado do colchão há uma pilha de roupas, cobertores de lã e sapatos. A casa não tem banheiro; do lado de fora há uma latrina protegida por uma parede de tijolos. Mesmo assim o ambiente é aconchegante. O barulho da lenha queimando e a luz das velas criam uma atmosfera agradável. Estamos à mesa e lá fora o vento continua soprando sem parar. Estou feliz por estar aqui dentro destas paredes sólidas, é terrível imaginar estar numa barraca lá fora agora.

Os dois parecem um pouco tristes e reservados, conversam pouco, o que não é nada típico dos latino-americanos, normalmente tão animados. Victoria me conta que sente falta dos seus pais e amigos de Susques. Eles raramente se encontram, embora estejam apenas algumas horas de carro de distância. André trabalha sete dias por semana, mas mesmo assim o dinheiro não é suficiente para trocar o plástico da janela por uma vidraça. Faz frio aqui dentro. Mesmo com a lareira acesa, a temperatura não sobe. André conta que no inverno a temperatura chega a -20°C aqui em cima, a 4.000 m, e fica quase insuportável. Os dois estão presos a um lugar onde não gostariam de estar, mas não têm alternativa.

André recomenda que eu arme a barraca na sala e me agasalhe com roupas quentes, pois assim que o fogo apagar vai esfriar muito aqui dentro. Deito-me entre a lareira e uma moto que está estacionada na sala. Pela meia-noite acordo com alguém batendo na porta, bem ao lado de onde estou deitado. André já foi atender, parece que ele estava aguardando. Ele abre a porta e recebe da vizinha uma garrafa térmica com água quente e outra com chá.

Durante a noite, o vento cessou completamente. Quando saio para a rua na manhã seguinte, o sol matinal brilha forte. Este dia tem tudo para ser um dos pontos mais altos de toda a minha viagem, tanto pela altitude que devo atingir quanto pelas paisagens que virão. Depois de cruzar um pequeno passo, atinjo um planalto com lagos salinos imensos em cujas águas cristalinas se espelham os picos das montanhas ao redor. No horizonte, o cone de um vulcão se ergue a mais de 6.000 m de altitude. Parece cenário de filme de ficção científica. A todo momento, vejo bandos de flamingos e grupos de vicunhas, que destoam desta paisagem tão inóspita.

Com o ar rarefeito, chego ao limite das minhas forças. A dor de cabeça some, mas meus pulmões ainda não sabem bem como respirar aqui. Após o menor esforço, fico ofegante como um cão. Depois de um próximo passo, atinjo a beira do planalto de quase 5.000 m de altitude e 2.500 m abaixo de onde me encontro, enxergo o Deserto do Atacama coberto por um mágico manto de nuvens brilhantes que vão se dissolvendo. Levo duas horas descendo os 55 km em direção a San Pedro sem uma pedalada sequer. Sem qualquer esforço, ultrapasso caminhões que também estão descendo, não sem antes sentir o cheiro de borracha queimada de freio. E os veículos que sobem estão envoltos por uma nuvem de óleo de motor queimado e vapor de líquido de arrefecimento. Quando chego a San Pedro de Atacama já é noite escura, a estrada não é iluminada e luto para andar entre os enormes caminhões, tendo apenas uma pequena lanterna presa na cabeça. Como a estrada não é pavimentada, os veículos que passam levantam uma nuvem de terra e poeira. Chego exausto a um hostel e desmaio na cama. Durmo um sono tão pesado e profundo que só na manhã seguinte percebo uma gangue de percevejos de cama na minha mão. Durantes as semanas seguintes, minhas mãos coçam sem parar e as cicatrizes das picadas continuam visíveis quase um ano e meio.

San Pedro de Atacama parece uma feira de turismo ao ar livre. Num primeiro momento, a pequena e charmosa cidadezinha no deserto, com suas ruelas estreitas, a igreja branca em estilo colonial e as casinhas aconchegantes, parece bem romântica, não fossem quase todos os prédios tomados por agências de turismo, restaurantes e *lan houses*. Gêiseres, poços termais, 6.000 m de altitude – por toda parte veem-se fotografias com o preço, como se os vulcões, lagoas e lagos salinos estivessem à venda. Curiosamente, o movimento de turismo não me incomoda – pelo contrário, fico contente de poder me misturar a turistas por alguns dias e não ouvir o tempo todo as mesmas perguntas dos moradores locais: "De onde vem?", "Para onde vai?"

Após alguns dias de descanso, sigo em direção noroeste, passando pela Cordilheira do Sal, uma cadeia de montanhas originada de um lago salino, e pela interminável planície chamada Llano de la Paciencia. No meio do caminho para Calama, o rolamento da roda traseira trava e só gira com o emprego de muita força. Sem peças de reposição e nem ferramentas para rolamento, não há como continuar a viagem. Tento parar caminhões e ônibus para pedir carona, mas fico mais de meia hora no acostamento sem conseguir nada. Finalmente uma caminhonete para, mas vejo que não há espaço para mim e para a bicicleta. O motorista me estende uma lata de Coca-Cola, uma barra de chocolate e um pacote de bolo inglês e diz: "Tudo de bom para a sua viagem! Siga firme! E aqui um pouco de energia para as suas pernas". Por sorte, pouco depois para um ônibus de viagem vazio e, como há alguns dias, novinho em folha. Coloco a bicicleta e as bolsas no compartimento de bagagens totalmente vazio e entro no ônibus. O motorista, muito gentil, quer me deixar exatamente na frente de uma loja de bicicletas em Calama, por isso dá uma volta pelo centro e ainda pergunta onde fica a loja. Ele não desiste de me deixar em frente à loja, mesmo tendo que passar com o enorme ônibus por ruazinhas bem estreitas.

Calama é uma cidade deprimente, construída numa região sem vegetação, cercada por minas e uma fundição de cobre. Os moradores daqui não parecem ficar com nenhum benefício da riqueza do solo desta região. As ruas são sujas, os prédios velhos e sem manutenção. Há muitos moradores de rua e mendigos nas calçadas. Nos cassinos, muitos adultos e muitos jovens ficam hipnotizados diante dos antigos caça-níqueis coloridos e barulhentos. A cena parece se passar em Las Vegas, só que as pessoas daqui são bem mais pobres e seus rostos exprimem um grande desânimo. Sento em uma mesa de bar e, quando chega a atendente, percebo que só há garçonetes, que elas estão minimamente vestidas e que os saltos de seus sapatos são altíssimos. A aparente garçonete senta-se à minha mesa e, sem me perguntar, coloca uma mão sobre a minha perna e a outra no meu ombro. "Olá, *baby*! Tudo bem?

Vai me convidar para tomar uma cerveja? Quinze dólares é o suficiente, podemos ir para um lugar mais aconchegante." Mesmo depois de vários dias atravessando o "deserto", não estou com tanta "sede" assim para cair nessa e decido ir embora sem final feliz.

No dia seguinte, ao deixar Calama, confirmo a impressão que tive na véspera ao chegar. Passo por ruas empoeiradas de um bairro com barracos abandonados e tenho que ficar atento para não cair nos vários buracos da rua. Veículos de mineração e caminhões passam por mim sem o menor cuidado e me envolvem em uma nuvem de poeira e fuligem. Cães latindo no acostamento também contribuem para eu sair da cidade o mais rápido possível. Ainda bem que consegui consertar o rolamento da roda traseira. Vamos ver qual vai ser a próxima peça a não resistir. Sinto-me aliviado ao passar pelas últimas casas e sigo em direção às montanhas desertas que vejo no horizonte. Não quero outra coisa senão silêncio, estrada tranquila e ar fresco.

Uma placa de alerta com os dizeres: "Cuidado, minas terrestres – Risco de Morte", logo depois do Passo de Ascotan, anuncia a fronteira com a Bolívia. As minas terrestres, instaladas na região norte do Chile, perto da fronteira, durante a ditadura militar, ainda não foram todas removidas e representam um perigo real para pessoas e animais. Dá uma aflição ler a placa e olhar para a zona de morte localizada atrás da barreira. Esta paisagem seria tão idílica e bela com os tons avermelhados que tingem o vulcão durante o pôr do sol, as suaves linhas no horizonte e o fantástico deserto de sal de Ascotan, branco e reluzente!

Por acaso, não muito distante da estrada, vejo uma casinha de pedra que provavelmente serve de abrigo aos trabalhadores da salina que fica próxima dali. A porta está aberta e eu interpreto esse sinal como convite para entrar. Dentro há uma mesa e um banco de madeira e espaço suficiente para a barraca e a bicicleta. Perfeito! Tomo uma canja e observo pela pequena janela a marca da sombra subindo nas encostas das montanhas ao redor, até que o último raio de sol se despede da Terra. Como quase todas as noites, um vento forte e gelado sopra lá fora. Estou muito feliz com a proteção que este refúgio me oferece aqui no meio deste deserto nada acolhedor.

Um outro passo me leva até o Salar de Ollagüe. Uma ferrovia em linha absolutamente reta divide ao meio a crosta de sal que em alguns trechos já está marrom por causa da terra, da poeira e das cinzas. Sucatas de vagões de carga e carcaças de trem enferrujadas ao lado dos trilhos dão uma impressão assustadora de "final dos tempos". Não se vê vivalma, e o único sinal de vida sai de uma cratera em forma de fumarola. O cheiro forte de enxofre se espalha como um fantasma pelo lugar. O capeta deve morar aqui perto. Estranhas chaminés de lava pretas se elevam nos campos de cinzas completamente brancos. Sinto-me como um astronauta chegando a um planeta desconhecido. Os campos de cinzas apresentam outra surpresa: engolem completamente as rodas da bicicleta. Quando a estrada passa por meio das cinzas, não tenho alternativa senão descer e empurrar a bicicleta. É impossível passar pedalando.

Na fronteira com a Bolívia tenho que procurar os funcionários. O posto da alfândega parece totalmente abandonado, não vejo ninguém que queira controlar e carimbar meus documentos. Não há barreiras bloqueando a estrada, nada que impeça a entrada na Bolívia. Eles realmente não parecem temer a entrada de imigrantes ilegais.

Entro no prédio onde está escrito "Imigração", mas também não vejo ninguém, todas as salas estão vazias. Deixo a bicicleta encostada no prédio e caminho entre os vagões abandonados. Pelo estado em que estão, já devem estar desativados há mais de 20 anos, alguns servem de depósito de peças. Em um galpão de madeira, finalmente vejo dois homens uniformizados jogando cartas. Bato na janela para chamar a atenção e faço um gesto de que quero passar a fronteira. Sem muita vontade, um deles abre a porta e me deixa entrar. Sinto certa pena deles, por passarem o dia todo aqui e não terem nada para fazer. Em menos de cinco minutos, tudo está resolvido e o funcionário se volta novamente para o seu monte de cartas.

Sigo por uma estrada bem demarcada no início que passa por outro lago salino seco com arbustos ao redor. Um número crescente de bifurcações vai apagando o caminho inicial e fica cada vez mais difícil não perder o rumo. Procuro seguir pelo caminho mais largo e com mais marcas de veículos, mas às vezes não é tão fácil reconhecer. A ideia de me perder aqui neste lugar tão isolado me deixa em pânico, ainda mais com as nuvens escuras de temporal que vão se formando no céu.

Segundo o mapa ainda faltam 90 km até Chiguana, um povoado no final do lago. Depois de mais de cinco horas de viagem, até que enfim vejo casinhas de pedra no horizonte. Que alegria finalmente ter um ponto de referência claro, após horas de incerteza. Mas que coisa é essa? O povoado está no lado errado do lago salino? Parece ser outro povoado, que não está assinalado no mapa, pois as casas, de longe, parecem abandonadas. Do outro lado do lago, onde Chiguana está claramente indicada, não se vê nem sinal de um povoado. Observando a minha posição em relação aos três vulcões, tenho certeza que estou no limite nordeste do lago. Não tenho dúvida da minha posição em relação aos picos das montanhas. Que raios aquelas casas estão fazendo do lado errado do lago?

Pedalo até o pequeno povoado e constato que as casas estão realmente todas abandonadas. Alguns dos telhados de palha estão caídos e as paredes, semidestruídas. Entre as ruínas das casas se veem ossos de animais e restos de lã de lhama e de cabra. Com fome e cansado, decido matar a charada na manhã seguinte. Já está tarde, daqui a pouco o sol desaparecerá no horizonte e vai ficar terrivelmente frio. Protegido do vento, armo a barraca ao lado de uma das casas abandonadas.

PERDIDO NO DESERTO DA BOLÍVIA

Poucas horas mais tarde, quando o sol nasce do outro lado do horizonte, já estou pedalando novamente por uma estrada bem acidentada em direção ao norte, onde presumo que esteja o Salar de Uyuni. Com 140 km de largura e 110 de comprimento, Uyuni é o maior deserto de sal do planeta. Surgiu há cerca de 30 ou 40 mil anos a partir do imenso lago pré-histórico Minchin. Quando as águas do lago Minchin secaram, deixaram uma crosta de mais de 70 m de sal. Nos últimos anos, este *salar* ganhou bem mais atenção, pois descobriu-se ali mais da metade de todo o lítio do planeta Terra. As baterias de íons de lítio estão presentes em muitos aparelhos eletrônicos por causa da sua alta densidade de energia. Atualmente, o lítio vem sendo cada vez mais utilizado pela indústria automobilística. A demanda por este elemento aumentará ainda mais no futuro. Por isso, desde 2008, a estatal Combibol está preocupada em fomentar a extração industrial do lítio. Se, por um lado, a extração representa uma ameaça para a natureza e o ecossistema, por outro, o país e seus habitantes poderiam se beneficiar economicamente, contanto que os lucros fossem divididos de maneira justa e não, como em muitos países em desenvolvimento, ficassem apenas no bolso dos poucos ricos. Até agora, poucos se beneficiaram neste país, pois, apesar de enormes reservas de prata, estanho e gás natural, a Bolívia é o país mais pobre da América Latina e com o menor volume de exportações. Dois terços da população vivem na pobreza.

A maior parte do lago fica seca praticamente o ano inteiro e a superfície de sal completamente branca se estende de horizonte a horizonte como uma placa de gesso completamente lisa. Na pequena ilha Incahuasi, que tem cactos e fica no meio do lago, há um abrigo para ciclistas, e eu planejei ir até lá. Fui aconselhado a não acampar sobre a superfície de sal, pois durante a noite passam caminhões sem faróis e corre-se o risco de ser atropelado.

Ainda não solucionei o enigma da falsa localização do povoado no mapa, mas confio na minha posição em relação às montanhas e, pelo mapa, calculo que devo estar 30 km ao sul de San Juan, um vilarejo que, segundo o mapa, está situado a sudoeste do Salar de Uyuni. Avanço com muita dificuldade nesta estrada tão irregular e trechos arenosos me obrigam a todo momento a descer e empurrar a bicicleta.

Depois de uma hora e meia, chego finalmente a uma chácara. Um cão que late muito alto me faz respirar aliviado – há gente por aqui para pelo menos me ajudar a me localizar. Pergunto a um jovem tímido onde fica San Juan. Sem dizer uma palavra, ele aponta para a direção de onde acabo de chegar. Incrédulo, pergunto a uma senhora de mais idade, e ela aponta na mesma direção, igualmente sem emitir nenhum som. Confiro novamente no mapa e chego à conclusão de que não pode ser. Estou muito ao sul para ainda ter que voltar. Por que estariam me indicando esta direção? Como não consigo solucionar o mistério, decido não voltar para o sul, e sim seguir por uma estrada para leste. Será possível que estas pessoas não sabem onde estão?

Duas horas mais tarde chego enfim a um vilarejo habitado e, depois de comparar com o mapa, tenho certeza de que se trata de San Juan. Vou até o centro do lugarejo e, aliviado, sento-me à sombra de uma casa. Há operários construindo o telhado da casa ao lado. Colocam chumaços de grama seca na estrutura de madeira e depois fixam com barro. Na esperança de esclarecer o mistério do vilarejo que não existe, vou falar com eles. Eles olham o meu mapa, mas apenas dão de ombros e abanam a cabeça sem compreender. “O vilarejo está certo, só o nome está errado. Não estamos em San Juan, mas em San Pedro de Quemes”, afirma um dos homens. O mapa não menciona San Pedro de Quemes e, no local onde a verdadeira San Juan está, não há nada assinalado no mapa. Observando bem, descubro que o mapa está cheio de erros de impressão, o mais marcante é a indicação de duas montanhas em plena planície salina, onde jamais poderiam existir. Mistério esclarecido! O mapa me enganou. E agora, como seguir sem GPS, sem um mapa decente e sem sinalização nas estradas? Por um momento, acho a situação muito cômica e começo a rir, mas logo fico apreensivo e com raiva. Como posso ser enganado assim por um pedaço de papel? Que raiva! Vontade de acertar umas continhas com o editor do mapa...

Encostado na parede de uma casa, fico um tempo sentado na rua tentando me acalmar com ajuda de alguns pedaços de biscoito de chocolate derretido e alguns goles de Coca-Cola quente. Corro a vista pelas ruas do vilarejo que tem telhados de grama seca. Os tijolos de barro não cozidos usados nas paredes das casas não devem ser impermeáveis; nas casas mais antigas, vê-se que as paredes são mais finas e que o barro lavado pela chuva se acumula em montinhos ao lado da parede. Muitas das casinhas não têm janelas, ou apenas janelas muito pequenas; vidraças é algo que nem todos os moradores devem conseguir comprar. E eu sentado aqui reclamando, com meu equipamento supereficiente, que certamente vale mais do que o patrimônio de muita gente neste povoado. Na verdade, com todas as garantias que possuo, como cartão de crédito, plano de saúde, previdência privada e uma profissão segura e entre as mais bem pagas, eu deveria me envergonhar de reclamar do meu problema desimportante e que, certamente em questão de poucas horas, vai deixar de existir. A situação em que estou exemplifica muito bem o fato de que as pessoas norteiam suas exigências pelas próprias possibilidades e pelo grau de dificuldade dos seus problemas cotidianos. Quanto mais tranquila e despreocupada a vida, mais rápido as pessoas se afligem com pequenas dificuldades.

Enquanto faço estas reflexões, a solução do meu problema literalmente vem a mim na forma de três trabalhadores. Primeiro, eles me olham, curiosos. Devo ser tão diferente para eles como esta região é pra mim. “Estamos longe de Incahuasi, mas podemos lhe explicar por onde você deve seguir, não é difícil”, diz um deles assim que expus minha situação. Gesticulando, tentam me explicar o caminho, e eu tento entender o que eles descrevem e imaginar a rota. Não sei se vou conseguir andar os 90 km que faltam na direção correta, pois esta região é totalmente inabitada e possui muitas bifurcações não sinalizadas.

Continuo a viagem na esperança de encontrar outros veículos ao longo do caminho. Conseguir outro mapa por aqui está fora de cogitação. As condições da estrada são terríveis, pedras e buracos fazem a bicicleta pular o tempo todo de um lado para outro. Quase duas horas depois de sair de San Pedro de Quemes, ouço um barulho terrível e vejo que o suporte do bagageiro de trás quebrou e que os alforjes do selim estão quase caindo. Que hora para acontecer uma coisa dessas! Com lacres de plástico, consigo fixar provisoriamente o bagageiro, mas tenho que empurrar os alforjes cerca de 10 cm para frente. Com isso, a sapatilha toca nas bolsas. Para continuar, tenho que pedalar com os calcanhares, o que após algumas horas castiga a musculatura das coxas.

Lá pelas tantas vejo pelo retrovisor uma pequena nuvem de poeira. Fico animado quando vejo que a nuvem se movimenta na minha direção e reconheço um jipe no meio dela. "Faltam 30 km até Incahuasi", me informa o motorista. Maravilha, penso, então não é tão longe quanto eu previa inicialmente. Uma hora e 20 km depois, passa um micro-ônibus completamente lotado na direção contrária. Mais de dez pessoas se amontoam lá dentro e o teto está totalmente carregado com sacos de batata e caixas. "Ainda faltam uns 35 km até a ilha", arrisca o motorista. O que eu fiz na última hora? Será que pedalei para trás? Engulo a dúvida a contragosto e sigo a viagem. Mas minha paciência chega ao fim quando encontro um terceiro motorista, meia hora mais tarde, e este me diz que ainda faltam 45 km.

Ainda não cheguei à área salina, a estrada passa por partes arenosas e por partes úmidas e moles, que dão a sensação de se estar pedalando em cima de uma quiche de queijo recém-saída do forno. Em um pequeno vale, um riacho deságua no lago. O solo, nesta região, é tão lamacento e atoladiço que a lama não desgruda dos pneus. Tenho que parar várias vezes e remover o lodo entre as rodas e os para-lamas com a mão, o que dá muito trabalho e rouba tempo. Chega a ser uma surpresa finalmente voltar a sentir o chão mais duro e plano sob as rodas. Em poucos metros, o ruído das rodas sobre a superfície alagadiça dá lugar ao chiado das rodas sobre cristais de sal e logo em seguida não ouço mais nada, com as rodas deslizando silenciosamente e sem resistência alguma sobre a estrada recém-asfaltada. De um momento para o outro, abre-se uma imensa amplidão à minha frente, nada mais obstrui a vista – nem arbustos, nem rochas, nem montes de areia. Depois da canseira deste dia, deslizar sem esforço sobre o asfalto é como mudar de bicicleta para motocicleta. E a tensão toda se dissipa.

Paro um momento e admiro a incrível paisagem, cenário ideal para o filme *Guerra nas Estrelas*. O reflexo do sol na superfície totalmente lisa do lago faz as montanhas ao redor parecerem discos voadores flutuando. Em um canto do céu aparecem nuvens carregadas e ameaçadoras, e vejo que já chove intensamente em uma cadeia de montanhas lá longe, atrás de mim. Continuo pedalando e percebo que o vento esfria. Ele vem do leste, justamente para onde preciso ir. O sol está quase se escondendo no horizonte quando finalmente avisto a cúpula marrom da ilha. Quantos quilômetros faltarão? Cinco, dez ou vinte? Pedalo forte, invisto toda a minha força contra o vento, mas a ilha encantada simplesmente não se aproxima. Durante mais de uma hora, vejo a cúpula marrom que muito lentamente aumenta de tamanho, sem nunca atingi-la. Finalmente diviso uma casinha e os cactos gigantes, tão famosos na ilha. Distante muitos quilômetros da terra firme, lá está ela, no meio do nada, sozinha e solitária.

Exausto e muito feliz, finalmente desço da bicicleta. Sou recebido por dois homens que me cumprimentam, gentis, e me conduzem a um albergue. Sou o único hóspede esta noite, pois apenas ciclistas podem pernoitar aqui. Turistas motorizados não podem dormir neste lugar. Depois de entrar no quarto, colocar o colchonete de isolamento no chão e me acomodar no saco de dormir, escuto que lá fora começa a chover torrencialmente. O barulho da chuva no telhado de zinco é ensurdecedor e ecoa pelo quarto vazio. Raios e trovoadas não param mais e através de uma grande janela panorâmica, a cada clarão de um raio, tenho uma vista perfeita da imensa superfície branca do lago salino.

Apesar do cansaço e do esgotamento, passo a noite praticamente em claro; as impressões, imagens e sentimentos deste dia foram muito marcantes, e não consigo desligar. Viro de um lado para o outro sem adormecer. Pouco antes de o sol nascer, subo a colina com os cactos, alguns com 1.200 anos de idade. Maravilhado, observo o espetáculo surreal de cores no céu da manhã. É a aurora mais linda que já vi na minha vida. Durante alguns minutos, a pequena ilha lança uma sombra de 1 km sobre a superfície de sal absolutamente plana, mas, assim que o sol se eleva no horizonte, a sombra rapidamente desaparece. Não há sombra de vento e o céu é de um azul forte com algumas tiras de nuvens. Apenas algumas poças brilhantes lembram o terrível temporal da noite anterior. De longe, vejo se aproximarem os primeiros jipes com turistas, e em meia hora estou rodeado de turistas de todas as partes do mundo. Quando retomo a viagem em direção a Uyuni, a multidão cresceu e parece que vai haver uma festa popular.

Gasto menos de três horas para percorrer os 60 km da ilha até Colchani, a primeira localidade na margem do lago salgado. O vento agora está a meu favor e ajuda a me empurrar. Só de vez em quando preciso desviar de buracos com alguns metros de profundidade e cheios de água cristalina. Cair num desses buracos com uma roda poderia ter consequências fatais. Lentamente, a tensão da véspera se dissolve. Agora, tudo flui tão bem e simples, o dia de ontem, visto retrospectivamente, parece um pesadelo. Paro no meio da imensa superfície de sal, a dezenas de quilômetros da costa. Afora o branco do sal e o azul do céu, não há nada que prenda o olhar. A incrível amplidão daquela paisagem me domina. Lágrimas de alegria escorrem pelas minhas bochechas, tão emocionado que estou com a situação e com o sentimento indescritível de liberdade.

Em aimará – a língua indígena que ainda é falada por 2,2 milhões de latino-americanos – *Uyuni* significa "cidade das mulas". O nome se refere aos animais que transportavam o sal da mina até o porto. Além do turismo, o sal é até hoje a base de sobrevivência da região. A paisagem é muito árida para a agricultura, além disso há pouca água. A cidadezinha com cerca de 20 mil habitantes com suas ruas empoeiradas e os barracos feios de tijolo sem emboço à primeira vista parece fria e desconfortável. Como em tantos outros lugares, aqui os montes de lixo por toda parte são os primeiros sinais de civilização. Já o centro é um pouco mais alegre. Há ruas calçadas, aqui e acolá um pouco de verde, bem como alguns prédios bem-cuidados no estilo colonial. A principal rua do centro é dominada por um mercado caótico, cujos vendedores e fregueses não poderiam ser mais temperamentais.

Todos falam ao mesmo tempo e eu submerjo num mar de ruídos. A população local é completamente diferente da do Chile ou da Argentina. A pele é bem mais escura: a maior parte dos moradores é de origem indígena. As mulheres, sem exceção, usam trajes tradicionais, com longas saias (*polleras*), geralmente uma por cima da outra, pulôveres de lã (*chompas*) e um pano colorido no pescoço (*ahuayo*), no qual podem carregar todo e qualquer tipo de objeto, inclusive bebês. Seus chapéus bizarros têm ar europeu e lembram os chapéus dos banqueiros londrinos. Acentuam uma postura orgulhosa, e até mesmo charmosa, principalmente quando estão desajeitados.

Encontrar uma oficina com aparelho de solda para alumínio aqui nesta cidade me parece algo impossível. Quanto maior minha surpresa quando efetivamente encontro um mecânico com um desses equipamentos *high tech*. Ele fala até um pouco de alemão, pois morou por alguns anos na Suíça. Noto um dialeto suíço, é delicioso escutá-lo falando. Embora se esforce muito para me ajudar a consertar o meu bagageiro, inserindo até alguns raios adicionais de alumínio, a costura de solda que mais parece um tumor de câncer se rompe algumas semanas mais tarde, fazendo ressurgir o mesmo problema.

Já chegamos a meados de dezembro. Difícil imaginar que em alguns dias será Natal. Nem estou no espírito do Natal. A decoração natalina é mais rara aqui, em Uyuni, mas em compensação bem mais bizarra. Os poucos pinheiros de natal são imitações baratas de plástico, e em seus galhos raquíticos há uma overdose de lampadinhas nas cores mais berrantes. Quase não dá para olhar, os olhos doem. Como deve estar na Alemanha agora? Provavelmente, a maior parte das pessoas está no stress pré-natalino, percorrendo agitadamente as lojas atrás dos últimos presentes e esperando a véspera do Natal.

No dia 23, encontro num par um grupo de oito francesas e franceses. São todos estudantes e viajam de ônibus pela América do Sul. Nós simpatizamos logo e eu me dou conta o quanto a nossa cultura europeia nos une. É como se nos conhecêssemos há muito tempo, embora nunca nos tivéssemos encontrado antes. Depois de quase só ter tido contato com nativos ao longo das últimas semanas, é uma benção poder intercambiar impressões com pessoas que pensam e sentem parecido comigo. Além disso, a comunicação em inglês ou francês flui muito mais fácil para mim do que em espanhol, língua que faz meu cérebro arder e em que metade da mensagem não consigo expressar. Depois de um certo tempo, tenho certeza da minha incapacidade de comunicação e começo a me sentir intelectualmente prejudicado.

Decidimos passar o Natal juntos em Uyuni. À noite, a pequena cidade no deserto fica praticamente morta. Não há traço da agitação dos últimos dias. Depois de uma pequena rodada de troca de presentes, saímos para jantar juntos para um restaurante. À mesa, ao som de música, contamos as histórias das nossas viagens, quando de repente fica tudo escuro no lugar. Na rua, as luzes também se apagam. Só dá para ver a brasa de cigarros acesos. De resto, tudo é negro. Sem música, as pessoas também param de falar. Instala-se um silêncio um pouco amedrontador. Ninguém sabe muito bem o que isso significa e o que vai acontecer, mas os garçons rapidamente distribuem velas pelas mesas, cuja luz quente cria um ambiente gostoso e romântico. Parece que esse tipo de pane faz parte do cotidiano e que as pessoas estão acostumadas a isso. Já não lembro se vi isso na Alemanha. Nas semanas vindouras na Bolívia e no Peru, esses apagões se repetirão várias vezes.

Um nativo me recomenda a não atravessar a região a norte de Uyuni de bicicleta, e sim percorrer uns 300 km de ônibus. A região é conhecida como zona de traficantes de droga, e a todo momento acontecem assaltos. Embora não se possa excluir a possibilidade de assalto nem num veículo motorizado, eu sigo o seu conselho e pego um ônibus noturno. Durante sete horas o ônibus, com várias décadas de idade, passa por uma buraqueira só. Os rombos na estrada, cheios d'água, obrigam o motorista a manobras de desvio bastante ousadas. Quando ele acha que a pista contrária é melhor, escapa para o outro lado e só volta poucos segundos antes de uma possível batida com o trânsito que vem na direção contrária. É de dar medo! Além de tudo, a escuridão é total. Só mesmo a pálida luz dos faróis consegue iluminar alguns metros da pista de cascalho à nossa frente.

O corredor está lotado com muitos passageiros em pé. Alguns dos assentos têm duas pessoas. A meu lado está uma jovem mulher com uma criança. Que bonitinho, penso, ao sentar ao lado dos dois, sem saber que logo em seguida ele se transformará num tormento. É inacreditável como suas cordas vocais são potentes! O berreiro que sai daquela boquinha é ensurdecedor. Embora o pequeno provavelmente já tenha esquecido o motivo do berreiro, não sossega – só quando a mãe lhe dá um pedaço de empanada. Mastigando com prazer, ele logo dorme, exausto. Que gostoso, penso. Mas logo o pequeno diabinho começa a roncar e já nem sei mais que ruído é mais confortável para suportar. A empanada também tem suas consequências, pois logo sinto um aroma muito específico no ônibus.

Algumas fileiras atrás de nós, os passageiros tomam banho de chuva em intervalos regulares. O telhado parece estar furado. Um berreiro enorme ecoa pela cabine e um dos passageiros bate furioso com o punho contra o vidro atrás do motorista. Ele para o ônibus, mas tampouco consegue consertar o rombo no teto do veículo. A viagem prossegue.

Pouco depois, um forte estampido faz o ônibus estremecer. Freada brusca. A porta da frente se abre e saltam dois homens de macacões sujos de óleo. Vejo que tiram um estepe do bagageiro e trocam o pneu estourado. Alguns passageiros aproveitam para fazer suas necessidades do lado de fora. Como chove torrencialmente, resolvem tudo ao lado do ônibus e voltam encharcados. Com toda velocidade seguimos pela noite boliviana adentro até que, algumas horas mais tarde, sou despertado por um novo estrondo e o ônibus dá mais uma parada para troca de pneus. Meus nervos estão no fim quando, depois do nascer do sol, finalmente chegamos na rodoviária de Oruro e eu posso respirar ar fresco.

Oruro é uma cidade com vários rostos. Até meados dos anos 1980, era um centro econômico significativo, movido pela extração de estanho, prata, ouro, volfrâmio e cobre. A aparência urbana é marcada pela mineração e pela indústria. Durante o Carnaval, a cidade desperta e vira uma das principais atrações turísticas da Bolívia. Desfiles quilométricos de gente colorida com máscaras de diabos imensas e fantasias atravessam a cidade. Durante vários dias só se festeja e se dança. Na quinta-feira que precede a Páscoa, há um tipo de festa da colheita, em que se agradece a Pachamama, mãe da Terra, e aos *achachilas*, os deuses do vento, da chuva, do gelo, etc., pela colheita, rezando também pela lavoura do próximo ano. O sábado seguinte é dedicado à Virgen del Sovacón, a padroeira dos mineradores. No domingo se dança em homenagem ao deus Momo, o deus do prazer. A segunda-feira é dedicada a duas danças históricas. No caso da *diablada* se trata de um sincretismo entre o malvado Supay, o deus andino das montanhas Huari, e o diabo da liturgia cristã. A *morenada* tematiza a escravidão e a prisão dos trabalhadores nas minas ao redor da cidade.

Eu visito Oruro fora da época do Carnaval, durante a temporada das chuvas. Nuvens negras e baixas despejam grandes volumes de água em intervalos regulares sobre as casas da cidade, situada a 3.700 m de altitude. Faz frio e venta muito. O temperamento e a alegria de viver das pessoas não transparecem muito. Na luz cinzenta difusa, até a roupa colorida parece triste e sem graça. As calçadas estão cheias de mendigos, pessoas velhas e aleijadas, apáticas, cujas mãos abertas e estendidas pedem dinheiro. No meio, mães com criancinhas que dançam mecanicamente ao som de música em volta de latas para pedir gorjetas em seus trajes coloridos. Os rostos dessas pessoas revelam tristeza e falta de esperança. Quase não dá para suportar sua visão.

No dia seguinte, pouco depois de sair da cidade, vejo um homem idoso ajoelhado na grama ao lado da rua, tentando desmontar a roda traseira da bicicleta. Parece que o pneu furou. Juan tem 65 anos e trabalha em minas desde seus 14 anos de idade. A pele dura como couro de suas mãos testemunha trabalho físico duro. A velha bicicleta e a roupa desbotada revelam que não enriqueceu muito com o trabalho. Ele não tem ferramentas, por isso, eu mesmo conserto seu pneu e lhe dou de presente meu kit de reserva, bem como mais alguns objetos do meu equipamento. Ele me abraça, animado, e diz: "Muito obrigado, amigo, pela ajuda e pela generosidade. Por favor, me dê seu endereço. Porque eu já sou muito velho e certamente morrerei antes de você. Se eu for para o céu e encontrar Deus, falarei das tuas boas ações e lhe pedirei a te buscar para o céu também." Sorrindo, eu anoto o meu endereço, inclusive e-mail – quem sabe exista alguma conexão de internet no céu.

A norte de Oruro, os povoados se adensam. Em curtos intervalos de tempo, passo por vilarejos e sítios. Plantações e caminhos revelam que ali há exploração agrícola. As técnicas no campo parecem bem arcaicas – no lugar de tratores, são bois que puxam os arados. Carroças de burros levam o produto das colheitas. Os rebanhos são pastoreados por pessoas. Crianças ou mulheres nos campos asseguram que cabras, carneiros, lhamas ou alpacas não fujam.

Quando passo por um rebanho de ovelhas, vejo uma cena insólita. São cerca de 30 ovelhas cuidadas por uma jovem de nem 20 anos. Ela corre atrás de um animal que tentou fugir. Nas costas, leva seu bebê enrolado num pano. A criança parece atrapalhá-la. Ela deposita o pano no pasto e tira os sapatos. Com uma mão, segura o chapéu. Com a outra, puxa para baixo as várias saias. Em ziguezague, ela corre atrás do animal, atravessando o campo, correndo como um jogador de futebol.

As pessoas que encontro ao longo do caminho são gentis. Por curiosidade, me param para conversar. Embora seus rostos encarquilhados e marcados por vento e sol indiquem que executam trabalhos duros no campo todos os dias, parecem felizes e irradiam certa alegria de viver.

Depois de vários dias percorrendo o altiplano, finalmente chego à capital da Bolívia, La Paz. A vista da cidade quando se chega pelo sudoeste é de tirar o fôlego. Parece até que a cidade caiu para dentro da terra, pois o planalto de repente passa de 4.000 para 3.000 m de altitude. Vejo um caldeirão de 1.000 m de profundidade, cujos flancos íngremes são cobertos por casebres de tijolos simples. Das casas nos flancos tem-se uma vista fantástica sobre a cidade inteira, em cujo centro há alguns poucos edifícios altos.

Sinto-me aliviado de ter finalmente chegado, pois passarei as próximas três semanas com Tim, um amigo de Stuttgart. Nós nos conhecemos há alguns anos na universidade e passamos várias férias juntos. Já somos um time bem afinado para viajar. Planejamos sair de La Paz, ir margeando o Lago Titicaca e chegar até Cuzco e Machu Picchu.

Muitos turistas sofrem de *soroche*, o mal da altura, por causa da grande altitude. Para dar a Tim a oportunidade de se aclimatar, passamos alguns dias pela cidade confortavelmente. Visitamos o mercado no centro, um dos lugares mais estressantes e agitados que conheço. Os olhos, o nariz e os ouvidos são exigidos em excesso. E a combinação desses três sentidos quase explode o meu cérebro. Não passa nem um minuto em que não somos abordados ou em que alguém não nos puxa pela camisa. A toda hora sou forçado pelos feirantes insistentes a dizer "*no, gracias*". De tanto balançar a cabeça, fico quase tonto. As ruelas apertadas parecem um formigueiro. De todos os lados, somos imprensados pelos pedestres. Além de tudo isso, ainda há motocicletas que buzinam, carros e vans que tentam passar pelo caos. Conto a todo instante em ter a roda de uma bicicleta passando pelo meu pé.

Nas semanas que passaram, eu me comportei de maneira cuidadosa, senão até excessivamente cuidadosa. Ao fazer compras em cidades, virava a mochila com meus objetos de valor sempre para o peito, abraçando-a. Mas agora me sinto seguro na companhia de Tim. Vamos ficar atentos um para o outro, penso, e deixo a mochila durante alguns minutos nas costas. Quando saímos de uma igreja, um pedestre me avisa que um fecho éclair está aberto. Consternado, constato que todos os meus documentos foram roubados, inclusive a minha carteira de habilitação internacional, minha carteira de vacinação, meus diários, pen-drives com fotos, bem como meu passaporte. Foi tudo embora, que merda! Só de pensar que há poucos minutos uma mão estranha estava metida dentro da minha mochila me dá medo.

Vamos até uma delegacia para fazer a ocorrência. No caminho, vemos como um jovem arranca a bolsa de uma mulher e sai correndo, esgueirando-se entre os carros, para o outro lado. Ele não vê o policial e corre diretamente para os seus braços. Eu o sigo, na esperança de que talvez também tenha participado do roubo dos meus documentos e ainda os tenha consigo. O policial trata o garoto duramente, o examina e, no final, o derruba no chão com um forte golpe no estômago. Os bolsos de suas calças estão vazios, nem sombra do meu passaporte. Droga! Sinto-me mal e meus pensamentos giram apenas em torno do incidente. Será o final da viagem? No dia seguinte, volto até a igreja onde fui roubado, na esperança de ainda encontrar os documentos em alguma lata de lixo ou entre os arbustos. De fato, encontro alguns documentos, uma carteira de habilitação e vários cartões de crédito, ao lado de uma carteira de dinheiro vazia. Mas infelizmente são de outra vítima e meus documentos não aparecem mais.

Arranjar um novo passaporte se revela algo complicado. O anúncio do presidente Evo Morales de aumentar os preços dos combustíveis em 80% dentro de uma semana leva milhares às ruas. Durante vários dias, o caos é total e fica impossível transitar em La Paz. Há barricadas nas ruas, praças públicas são cercadas e veículos blindados com lançadores de água ficam postados em locais estratégicos. Quando saio do departamento de imigração boliviano até a embaixada alemã, as primeiras pedras da manifestação voam pelos ares. A polícia revida com gás lacrimogêneo e sirenes ruidosas. Sinto uma dor ardente no nariz, nos olhos e nos pulmões. As explosões ecoam pela cidade.

Na embaixada encontro diversos alemães que tiveram o mesmo destino. Um senhor mais idoso fala de um assalto violento ainda no aeroporto de Santa Cruz. Há poucas horas ele tinha sentido uma navalha no pescoço e quase levou uma bala no pescoço. Ainda traumatizado pelo assalto, ele me mostra o ferimento de faca abaixo de sua orelha esquerda.

A burocracia na embaixada é surpreendentemente rápida. Nem duas horas depois de entrar, já tenho um novo passaporte em mãos. É um documento provisório, que não me permite entrar nos EUA. Mas posso ir com ele até o México. Além do mais, neste momento não planejo viajar aos Estados Unidos.

No dia seguinte, deixamos a cidade e seguimos com nossas bicicletas e um grupo de turistas pelo chamado *camino de la muerte* – ao que dizem, a estrada mais perigosa do mundo. Vamos rumo a Yungas, uma região de planície na bacia amazônica boliviana. É uma bênção poder sair da cidade caótica. O espaço apertado, o barulho e o medo constante de ser roubado me oprimem. Um ônibus de turismo particular nos deixa no passo La Cumbre, a 4.650 m. Em seguida, sem fazer qualquer esforço, sem dar uma pedalada sequer, descemos 65 km até a floresta amazônica. Brincando, "aniquilamos" 3.400 m de altitude de bicicleta.

A estrada foi construída nos anos 1930 por presidiários paraguaios. Ali, todos os anos morrem entre 200 e 300 pessoas em acidentes. Algumas das encostas chegam a ser verticais, e há trechos em que passamos por baixo de cascatas. A mão é inglesa na pista estreita sem barreira, para que o motorista possa ver o quanto suas rodas ainda distam do precipício. Há muitos acidentes aqui, porque quando dois veículos se encontram, um corre o risco de ser empurrado muita para a margem. O solo amolecido pelas chuvas fortes cede e os veículos despencam, junto com seus ocupantes. Há várias cruzes fincadas na margem e carcaças enferrujadas para lembrar essas tragédias. Há alguns anos, a estrada foi substituída por uma pista nova e bem mais segura, por onde flui o tráfego principal. Sorte a nossa, pois naquele dia quase não encontramos outros veículos motorizados.

A paisagem ao longo da rota é impressionante. A pequena estrada de cascalho em serpentina passa por abismos e precipícios que despencam centenas de metros abaixo. São vistas que congelam o sangue nas veias. Em poucas horas, passamos por várias zonas climáticas. Na árida e pedregosa paisagem do cume, subimos tiritando, trajando casacos de inverno, boinas de lãs e luvas de esqui. De vez em quando, passamos por campos nevados. Pouco tempo depois, já de camiseta e short, atravessamos a floresta tropical e plantações de banana e coca, com temperaturas de 35°C.

Poucos dias depois de anunciar a alta dos combustíveis, o presidente Morales revê sua decisão, as manifestações e La Paz e na periferia se acalmam. Acabam as barricadas nas ruas e a polícia se retira. Os traços dos últimos dias ainda soam visíveis na cidade: restos de pneus incendiados, vidraças quebradas e pedras enormes ao lado da estrada. Fora daqui o mais rápido possível! A minha antipatia contra este lugar cresce e tenho uma sensação de sufocamento. Quanta ironia há neste nome La Paz!

Quando os pulmões de Tim se acostumaram à altitude, preparamos as bicicletas e partimos. Aliviados, passamos pelas últimas casas de La Paz. Mas ainda não posso relaxar, pois o trânsito na estrada que vai para norte é ameaçador. Atento, observo pelo retrovisor as manobras suicidas de ultrapassagem dos veículos para poder sair da estrada no momento certo. É quando acontece algo inacreditável, que quase termina em desastre. O motorista de uma van lotada perde o controle e sai da estrada. Agarrado ao volante, passa voando a poucos metros de distância de nós, com os pneus cantando, para na pista contrária e, finalmente, no acostamento. O fedor de borracha queimada é como cheirar perigo de vida. Agitado, liga o motor afogado, vira e sai fedendo na direção contrária. Claro, quer fugir antes que possamos chamar a polícia! Demora alguns instantes até meu cérebro paralisado pelo choque compreender o que acaba de registrar e que nós passamos raspando por um acidente fatal. Pela primeira vez, começo a duvidar se realmente vale a pena correr riscos tão elevados, arriscando a saúde e até a vida, só para ter essa aventura. Sendo parte do trânsito, especialmente quando se locomove de bicicleta, você obrigatoriamente coloca seu destino nas mãos de centenas de pessoas cuja consciência pode estar sob influência de álcool, drogas ou cansaço.

Na altura do Lago Titicaca, o trânsito começa a diminuir. Pequenas estradinhas tranquilas em serpentina nos conduzem até a cadeia montanhosa litorânea, com pouca vegetação, cruzando vários passos. Numa altitude de 3.800 metros, o lago é gigantesco: tem 14 vezes o tamanho do Lago de Constança. O junco Totora em suas margens intocadas atinge três metros de altura. Vistas à distância, as longas hastes que balançam ao vento parecem um tapete. Nas colinas em volta do lago, ainda se faz agricultura à moda antiga: nos campos em terraços crescem batatas, cereais e quinoa, o arroz inca. Ovelhas, alpacas, lhamas e burros pastam nos campos verdes no meio, cercados por muros de pedra natural. A partir da estrada, há vistas magníficas para o lago, que brilha magicamente ao sol. Os cumes de 5.000 m de altura cobertos de geleiras brilham no horizonte. É um panorama indescritivelmente lindo. As poucas intervenções da civilização na paisagem parecem estar em harmonia com a natureza.

Em Copacabana, passamos a fronteira para o Peru. Estou um pouco chateado de deixar a Bolívia com um sentimento tão negativo. Quase todos os viajantes que encontrei no caminho falam com tanto entusiasmo deste país e de sua gente! Mas na minha memória será sempre um capítulo desagradável. Espero poder reconquistar a confiança perdida na humanidade nos próximos dias.

Em Puno, na margem noroeste do Lago Titicaca, caímos como patinhos numa armadilha para turistas. Queremos visitar uma das 49 ilhas flutuantes onde há vários séculos moram os Urus. Para se proteger dos ataques hostis dos incas, este povo migrou para dentro do lago. Com montes de junco, construíram aldeias flutuantes longe da margem, em que vivem até hoje. Mas é extremamente complicado manter suas ilhas artificiais, que devem ser permanentemente cobertas de junco, uma vez que a parte submersa se decompõe com o tempo. A todo momento, os Uros estão ocupados em colher junco nas margens, pois se não for assim, literalmente submergiriam.

Alcançamos o porto de mototáxi. Antes de saltar, já somos rodeados de comerciantes insistentes e donos de barco que farejam um bom negócio. "*Mister... mister.... I make a special price for you... come here*", nos abordam. Um deles diz que o próximo barco público até as ilhas só sai dentro de duas horas e, se não quisermos esperar todo esse tempo, deveríamos pegar o barco do seu amigo. Ingênuos e crédulos, pagamos quatro vezes o preço normal para a travessia e pouco depois somos informados que o barco público também teria ido – e não só dentro de duas horas, como nos falou o homem no porto.

Mal chegamos na ilha, a brincadeira continua. Parece que a criatividade do ser humano não conhece limites quando se trata de tirar dinheiro dos turistas. Pessoas de trajes típicos acenam de longe quando atracamos, inundando-nos com os sorrisos mais gentis, e jovens mulheres nos dão seus bebês para segurar. Mas se você deixar a ilha sem comprar o bordado de 25 dólares com a inscrição *I love Puno* de um lado e a etiqueta *Made in China* do outro, esse sorriso simpático e gentil se transforma em um olhar mau de desprezo. Com historinhas inventadas e situações encenadas, somos atraídos para a armadilha. São truques muito bem inventados. Tim e eu somos separados e obrigados a comprar produtos caríssimos em uma sessão de venda de quinze minutos. Compreendo que essas pessoas dependem da renda do turismo, mas nessas condições dá vontade de fugir o mais rápido possível.

De volta ao selim, cruzamos o retão do Altiplano. Em Juliaca, o agito é total. Na rua principal, carros, ônibus e mototáxis travam uma disputa acirrada pelo espaço de circulação, e pedestres e ciclistas se espremem nas transversais entupidas de estandes de venda. O ar é um desafio para narinas e pulmões – as emissões azuladas dos motores de dois tempos se misturam ao fedor podre dos montes de lixo nas calcadas e nas sarjetas, em que muitas vezes vemos cabeças de porco, tripas de gado e outros dejetos do abate de animais.

Alguns quilômetros antes de Cuzco, o desafio é o passo La Taya, de 4.338 m. O vale se torna cada vez mais estreito e as colinas arredondadas se transformam em montanhas com picos agudos e cobertos de neve. Pouco antes do passo, olho por um momento para um pasto com um rebanho de alpacas. Um pouco mais longe vejo um animal numa posição estranha. Parece ter duas cabeças, uma na frente e outra atrás. Quando paro para observar o bicho com mais atenção, a cabeça traseira cai no chão. Quando começa a se mexer, constato que não se trata de uma cabeça, e sim de um filhote de alpaca recém-parido, que acaba de ser trazido à luz. Fascinado, observo como o pequeno animal dá seus primeiros passos, enquanto a mãe fica ao lado, imóvel. As patinhas trêmulas do pequeno não obedecem ainda e ele cai na grama a todo momento.

De repente, vejo um garotinho de bicicleta a meu lado. Curioso, olha para nossas bicicletas com os alforjes lotados. Parece um pouco tímido, mas com alguns biscoitos de chocolate e um pãozinho de passas conseguimos ganhar a sua confiança. Acaba de sair da escola na localidade vizinha. Todos os dias, percorre 10 km para poder participar da aula. Um cestinho no bagageiro começa a miar: é um gatinho que ganhou de um camponês na aldeia. "Essas alpacas aí pertencem todas ao meu pai", diz, com uma expressão de orgulho, apontando para o pasto. "São 249 animais e, como vejo, acaba de nascer o 250º, meu pai vai adorar saber disso."

Passamos alguns dias descansando em Cuzco, "o umbigo do mundo", em quéchua. Depois de ser fundada, há 800 anos, a cidade virou o centro cultural, econômico e religioso do reino inca. Ruínas de templos, fortificações e aquedutos testemunham o fausto de dias passados. O conquistador espanhol Francisco Pizarro acabou com essa cultura em 1534. Em busca de ouro, saqueou e queimou a cidade, mandou fundir tudo o que era de prata e de ouro e destruiu palácios e templos. Cuzco se tornou o centro do colonialismo espanhol e da cristianização dos Andes, com suas numerosas igrejas, museus e ruínas históricas e a proximidade de Machu Picchu, é hoje o centro turístico do Peru.

Até hoje não está explicado por que razão aquela cidade misteriosa foi erigida nessa região selvagem e erma. Há uma teoria segundo a qual ela surgiu no ano de 1450 por ordens do rei inca Pachacútec Yupanqui, que criou as bases para a ampliação do poderoso império inca e introduziu o culto ao rei-sol Inti. Cerca de cem anos depois, durante a entrada dos conquistadores espanhóis, a cidade voltou a ser abandonada e só foi redescoberta em 1911. Depois de ter sido eleita, em 2007, como um dos "nossos sete milagres do mundo" por 70 milhões de pessoas, é invadida diariamente por turistas.

Embora eu normalmente evite esses lugares, é inimaginável para nós não visitar esse lugar mágico. Decidimos não pegar o trem dos turistas, e sim a rota alternativa pelo vale do Urubamba, o vale sagrado dos incas. De ônibus, chegamos ao Abra de Malaga, um passo de 4.300 m. O restante queremos fazer de bicicleta e a pé. Ao chegar ao passo, somos fustigados por uma chuva gelada. Depois de uma meia hora de descida, estamos completamente encharcados, apesar da nossa roupa especial, morrendo de frio. Riachos torrenciais descem a ladeira, alagando a estrada em muitos lugares.

Nossa descida termina numa pequena aldeia, pois a queda de uma barreira bloqueou a estrada com pedras enormes e terra. Algumas máquinas estão trabalhando para tirar as pedras, os motoristas de alguns dos veículos parados estão em pé, curiosos, conversando. Demora bem umas três horas até que uma funcionária libera a via novamente e podemos prosseguir viagem. Mas não por muito tempo, pois já depois das primeiras curvas um homem de macacão salta em nossa direção, acenando para uma placa mandando parar. "Parem, essa estrada é proibida para ciclistas. Eu mando nessa obra aqui e posso falar a qualquer momento com todo mundo", diz ele, apontando orgulhoso para o rádio. "Como assim? Estivemos ontem no posto de turismo para pedir informações sobre essa rota e ninguém nos disse nada disso", devolvo, indignado. O cara retruca algo incompreensível. Dá para ler na expressão do seu rosto que ele não esperava esta reação. Qual é a sua intenção? Será que ele quer que paguemos alguma coisa? Continuamos irredutíveis e ameaçamos dar queixa no posto de turismo em Cuzco, se ele não nos deixar passar imediatamente. Mais uma vez, ele tartamudeia algo incompreensível, olha para nós e responde: "Está bem. Então prossigam dentro de dez minutos".

A situação da estrada é calamitosa. Prosseguimos na velocidade de passos. Os diversos buracos cheios de água lamacenta que ás vezes se estendem de um lado da estrada ao outro me preocupam especialmente, pois é impossível ver se se trata apenas de um pouco de água rasa acumulada ou de buracos fundos, muito perigosos para nós, ciclistas. Entre as poças, a estrada está coberta de uma camada de lama. E quando somos obrigados a parar pelos veículos que vêm na direção oposta, nossos sapatos afundam quase totalmente.

Está quase totalmente escuro e somente o brilho fraco das nossas lanternas presas à testa nos ajudam a passar pela densa floresta tropical. As trevas, o canto das cigarras e o ruído dos animais selvagens parecem fantasmagóricos. Não existe iluminação pública. Até mesmo nos pequenos vilarejos, não existem fontes luminosas afora algumas lâmpadas incandescentes atrás das janelas. Os poucos raios de luz têm um brilho bem fraco e se perdem poucos metros depois na escuridão da floresta. Chegamos bem tarde à pequena cidade de Santa Maria e pernoitamos no único albergue da região.

Seguindo o curso do rio Urubamba, chegamos no dia seguinte na aldeia chamada Machu Picchu. Até há pouco ainda se chamava Aguas Calientes, mas por razões mercadológicas foi rebatizada. Quando se considera o faturamento, fica claro que o turismo e o marketing têm um papel muito importante. O ingresso para as ruínas custa o equivalente a 40 euros para estrangeiros, além dos 130 euros de passagem no trem. Com 2 mil visitantes por dia, o faturamento anual só com a cobrança de ingressos é de 124 milhões de euros.

Com bastante esforço, subimos pelo caminho de cascalho cheio de curvas pelo vale acima, que aos poucos se torna estreito e se transforma em um precipício. As íngremes paredes rochosas são totalmente cobertas de vegetação. De longe, os flancos das montanhas cobertos de musgos, samambaias e líquens parecem um verde tapete de parede. Num trecho, precisamos saltar e carregar as bicicletas por cima de montes de rocha caídos pouco tempo antes. As fortes chuvas dos dias anteriores amoleceram o solo e fizeram uma parte do morro despencar para as profundezas. Dá medo imaginar que os gigantescos pedaços de rocha que agora estão na estrada caíram poucas horas antes de nós. Vários carros já esperam a via ser liberada. E quando passamos pelos escombros carregando as bicicletas, uma escavadeira vem na nossa direção, indicando que esse tipo de queda de barreira deve acontecer sempre por aqui.

Uma cobra de uns dois metros cruza a estrada na minha frente e some no mato denso. A julgar pelo desenho preto e amarelo em suas costas, imagino que seja bem venenosa. Por isso, eu a observo a partir de uma distância respeitosa. Mas como um senhor me conta pouco depois, ela não é perigosa – ao contrário: "A carne é ótima, o sabor é de frango".

No dia seguinte, ainda antes do nascer do sol, chegamos a Machu Picchu, no cume dos Andes. A subida pelo caminho estreito dura uma hora, sempre interrompida por vistas espetaculares sobre o vale estreito com o rio marrom. Então, subitamente estamos diante daquela construção mágica que eletriza e fascina pessoas do mundo inteiro. O cenário é de tirar o fôlego! Apesar da chuva fina e do céu cinzento, fico profundamente impressionado pela vista da cidade e da periferia. Enclausuradas entre vários cumes, as ruínas se situam num pico quase inatingível. Os muros foram erguidos bem próximo do precipício e nos pequenos campos entre os muros pastam lhamas. Quando o sol resolve sair das nuvens ao meio-dia, o lugar já está lotado com centenas de turistas. As vans desembarcam pessoas aos magotes. É quase impossível fazer uma fotografia daquele lugar histórico sem ter pelo menos dez casacos coloridos no meio das pedras. É uma lástima que esse lugar seja tão concorrido, quase invadido. Na verdade, é o isolamento e o silêncio que conferem uma magia especial a ele e que criam esta atmosfera ímpar.

Voltamos pelo vale do Urubamba até Santa Rosa, a cidadezinha em que pernoitamos dois dias antes. Como resta pouco tempo para Tim antes de voltar para casa, decidimos voltar para Cuzco de ônibus. Um taxista oferece nos levar pelo equivalente a 20 euros. Colocamos as bicicletas na mala do carro e entramos. Uns 100 m adiante, ele para e diz: "Amigos, preciso lhes dizer que a viagem não custa 60 soles, mas sim 240 soles. Vocês terão que pagar outros 180 soles." Tentamos negociar, mas ele não cede. Irritados, saímos do carro e montamos nossas bicicletas. Pouco depois, encontramos um turista alemão que teve uma experiência semelhante. Um outro taxista lhe disse – obviamente, depois de receber o dinheiro – que não partiria antes de ter outros seis passageiros no carro.

De ônibus, votamos finalmente até Cuzco, de onde Tim volta para a Alemanha. Eu fico na cidade e encontro gente interessante no albergue – entre outros, o guia peruano Marco, que alguns dias antes conduziu um grupo de turistas franceses para Machu Picchu pelo velho caminho inca. Ele me convida a visitar a casa de sua mãe em Huancayo, uma cidade nos Andes que fica ao norte, a uns 800 km de distância.

Estou ansioso por continuar a viagem através da região montanhosa andina, mesmo sabendo que passaremos por algumas regiões aonde costuma haver assaltos a veículos. A rota promete ser difícil.

Será preciso vencer uns 15.000 m de diferença de altitude ao longo dos próximos 800 km. Alguns dos passos ficam a 4.200 m e, entre eles, a estrada chega a descer a 1.000 m.

Primeiro passamos pelo pitoresco vale de Apurímac. Certa vez, Marco foi vítima aqui de um assalto com quatro bandidos armados com metralhadoras. Eles levaram toda a bagagem dos passageiros e até seus sapatos de alpinista. Fico tenso quando desço a íngreme ladeira até o vale e não ouso parar. A cada veículo que passa, sinto-me inseguro. Mas o único perigo verdadeiro naquele dia são os vários animais que cruzam a pista quando menos se espera: porcos, cabras, cachorros e ovelhas. Numa das curvas, quase atropelo um porco e escapo por pouco.

Mesmo nos dias seguintes, tenho um permanente medo de assalto, principalmente nos trechos com pouco tráfego. Tento me programar para sempre chegar no mínimo uma hora antes do pôr do sol em algum lugar com albergue. Quando passo por obras com trabalhadores, sinto-me seguro. Os homens são extremamente gentis e volta e meio sou convidado para uma conversinha. De longe, já chamam "Oi, gringo" ou "*Hello mister*", seguido de "De onde vem, para onde vai?" Falam tudo o que conseguem dizer em inglês. A qualquer hora do dia escuto "*Good evening*" ou "*Good-bye*".

Começo a conversar com Jaime, um operário de 45 anos de Andahuaylas. Ele trabalhou vários anos no Brasil. Por isso, fala um português fluente. Como todos os peruanos, quer saber por qual time eu torço. Falo que venho de Stuttgart e que sou torcedor do VfB Stuttgart. Imediatamente ele me diz os nomes de cinco jogadores do VfB. Fico perplexo. "Toma aqui, isso é bom para os próximos 40 km, pois a subida é danada!", diz ele, estendendo-me uma lata de bebida energética. "Nem sei se dá para subir de bicicleta, pois a estrada é longuíssima". Retribuo com uma garrafinha de aguardente de ameixa que Tim trouxe da Alemanha e que ainda carrego na bolsa.

A estrada íngreme de cascalho é infinita. Luto para conseguir subir a montanha através das várias serpentinas. Ultrapasso duas crianças numa bicicleta, o pequeno sentado na garupa e agarrado às costas do maior. Escuto como o pequeno salta e diz algo incompreensível para mim, em seguida sinto um puxão nas minhas bolsas. Olho para trás e vejo que ele tenta subir na minha garupa, segurando um dos alforjes. E lá está ele, na garupa, sorrindo para mim por entre os buracos dos dentes de leite caídos. "Rápido, senão você vai ter que puxar o meu irmão também", diz. Eu pedalo e tento sair correndo, mas o peso adicional é grande. O pequeno morre de rir. Depois de algumas centenas de metros eu paro e peço que ele salte para eu poder respirar. Quando seus pés tocam o chão, saio voando. Consegui me livrar dos dois! Mas depois da próxima serpentina, mal posso acreditar, os dois monstrinhos estão na minha frente na estrada, acenando para mim ameaçadoramente. Pegaram um desvio para me ultrapassar. Não tenho mais remédio senão corrompê-los com um punhado de biscoitos para que me deixem passar. É a única vez em toda a viagem que sou obrigado a corromper alguém.

Algumas curvas em serpentina acima, uma família inteira está fazendo um piquenique na grama. De longe, uma das mulheres grita: "Oi gringo, está servido? Tem bastante comida, mesmo para o ciclista mais esfomeado do mundo!" Ela me estende uma tigela com arroz e feijão. Sento no meio-fio e converso um pouco com eles. Como sempre, fazem uma pergunta depois da outra – de onde venho, se sou casado, quanto dinheiro tenho na conta e se acho as mulheres peruanas bonitas. Não conseguem acreditar que aos 33 eu ainda não tenha filhos. No Peru, aos vinte já é normal ter dois a três filhos. “Não quer casar com minha irmã? É muito bonita e inteligente”, diz a mulher, seríssima. “Sim, claro que quero casar e ter filhos”, respondo. “Mas antes disso quero terminar minha viagem de bicicleta”. Mesmo assim, agradeço. Insistente, porém simpática, ela tenta me convencer a me casar com a irmã. E garante que vai junto para cozinhar e para lavar minha roupa. As outras pessoas morrem de rir, a conversa é deliciosa. Embora tenha todos os motivos do mundo para me casar com a irmã dela, prossigo minha viagem solteiro.

Nos dias seguintes acompanho o curso de um rio marrom escuro. Poderosas massas de água cortavam seu caminho ao longo de milhões de anos na cordilheira de Vilcabamba. Lavouras em terraços sobem nas encostas. Ali se planta milho, batatas e, às vezes, cactos. Aqui e acolá, passo por aldeias perdidas nas montanhas com casebres de tijolo cru e telhados de grama, onde o tempo parece ter parado no século passado. Como teria sido a minha vida se eu não tivesse nascido na Europa Central e sim numa dessas casinhas? O rude vento dos Andes e os raios do sol deixaram marcas nos rostos das pessoas. Vê-se que passam a maior parte do dia ao ar livre. Embora levem uma vida muito simples e provavelmente espartana, parecem felizes e contentes. Invejo-as por isso.

Resolvo parar numa das aldeias. Quando encosto minha bicicleta numa parede, sinto uma dor lancinante na perna direita. Olho para baixo e vejo um cachorro do tamanho de um poodle agarrado na minha perna. Aos gritos, chuto o malvado e saio correndo atrás dele. Tento pegá-lo para retribuir a mordida, mas ele é mais rápido. “Seu merdinha, se eu te pegar faço picadinho!” Nas semanas anteriores fui atacado por cachorros algumas vezes. Quase em cada sítio eu era recebido por uma matilha de cães que latiam e arreganhavam os dentes. Mas sempre consegui escapar. Uma única vez um cachorro mordeu meu alforje direito, mas logo em seguida largou a bolsa. Parece que os animais ficam brabos quando veem as rodas girando, pois no segundo em que a bicicleta para, ficam quietos e pacíficos. Basta voltar a pedalar para que fiquem enfurecidos. Mas quando eu me abaixo para pegar uma pedra, saem correndo, pois sabem que podem ser atingidos. Alguns dias mais tarde sou mordido pela segunda vez ao fazer compras num quiosque. Dessa vez é um pastor alemão grande que me pega na altura do joelho. Jogo minha bicicleta no chão e começo a berrar. As pessoas à volta não parecem interessadas, apenas assistem a todo passivamente. Chuto o cachorro, que sai correndo, gemendo e de rabo encolhido. "Ele está assim porque acabou de ter cria", diz a dona do quiosque. "E por isso tem o direito de ferir as pessoas? Por que permite isso? Vou matá-lo", grito. Ela não responde nada. Furioso e com dor na articulação do joelho, sigo viagem.

No dia seguinte, compro um cabo de vassoura e o coloco numa das bolsas dianteiras. Vou me vingar. A minha ira ficou insuportável com essas lutas diárias e a dor das mordidas. Fico até alegre quando encontro uma matilha de cães. "Venham que vocês vão apanhar, todos!" Pego o cabo de vassoura e começo a bater à minha volta, esperando o choro dos cachorros que poderá aplacar a minha ira. Mas o resultado não poderia ser mais pífio. O cabo de vassoura bate no chão sem nem sequer tocar nos cachorros e se decompõe em três partes de um só golpe.

Uma hora antes de chegar a Huancayo, num dos passos, sou surpreendido por uma tempestade violenta, que começa com uma geada e se transforma em um toró com grossos pingos de chuva. Não há onde eu possa me proteger. Por isso, não tenho escolha senão ficar encharcado, apesar da roupa especial. Tiritando e tremendo, desço pela rua coberta de poças imensas até o vale.

PELA ROTA DA COCAÍNA NA SELVA TROPICAL

Em Huancayo, Marco me recebe com panetone e chá quente na casa da mãe. É uma sensação maravilhosa chegar a uma cidade estranha e ser recebido por um conhecido. Ele passa pouco tempo em casa. A maior parte do ano, trabalha como guia montanhista em Huaraz, acompanhando turistas do mundo inteiro até os cumes mais elevados dos Andes. Quando não pode subir montanhas durante a época das chuvas, Marco ganha um dinheirinho como guia no caminho inca. "Já fiz aquela trilha dezenas de vezes com turistas do mundo inteiro. Mesmo assim, fico emocionado toda vez que me deparo com as ruínas", diz ele com brilho nos olhos.

Marco é um montanhista apaixonado. Basta falar em escalar para acender seu entusiasmo. E se ainda por cima estiver fumando um baseado, emenda uma história na outra e a lista das escaladas programadas cresce para o incomensurável. Passamos a noite inteira sentados diante de um mapa imenso dos Andes, conversando sobre trilhas, caminhadas e escaladas.

Como o tempo não favorece escaladas, resolvemos pedalar até a Bacia do Amazonas, junto com seu amigo Misael, passando antes pelo

Passo Pomacocha, de 4.480 m. Deve levar uns três dias para percorrer a pista coberta de cascalho, de 200 km de extensão. De lá, voltaremos de ônibus até Huancayo. Chegaremos ao passo de táxi – o preço, como tudo no Peru, é negociado. Marco pechincha um tempão com o motorista, enquanto eu fico cuidando das nossas coisas com Misael a uma distância segura. O motorista do táxi só pode ver a bagagem volumosa depois do preço negociado – essa é a estratégia de Marco para manter o preço baixo. Depois de quinze minutos, eu vou até o táxi ver o que acontece. Marco está encostado na janela aberta, negociando com o motorista. Quando me vê, fica irritado. "Por que você me aparece aqui com sua cara de gringo? Estragou tudo! Então, você é quem vai pagar a viagem. Afinal, sem você seria muito mais barato para nós." Estou perplexo e não sei como devo reagir. Será que ele falou sério? Não tenho muita certeza e resolvo não ligar para suas hostilidades. Mas acabo pagando a viagem de uma hora no Toyota Corolla totalmente lotado. O esforço para o motor é grande por causa da subida. Nossas três bicicletas vão no bagageiro do carro. Dentro, somos oito ao todo. Divido o banco de trás com outros três adultos e uma criança pequena. Tenho um medo permanente de que a porta possa se abrir e nos catapultar para fora. Como chove a cântaros, as janelas ficam fechadas. São oito pulmões ofegantes que lutam pelo raro oxigênio disponível nesta altitude.

Finalmente alcançamos o Passo Pomacoccha. Um sentimento de alívio percorre minhas veias quando abro a porta do carro e finalmente posso colocar os pés na estrada. Chove muito e a temperatura está próxima do ponto de congelamento. As montanhas à volta estão envoltas em nuvens, um véu de neblina fantasmagórico pende sobre a laguna. Passamos por pastos verdejantes com alpacas e lhamas. Aqui e acolá, a estrada acompanha a margem de um rio. Camponeses nos pastos nos cumprimentam, a água escorre pelas abas dos seus chapéus encharcados e congelados. Chegamos à pequena localidade de Comas que, com suas numerosas barracas militares e a grande guarita na entrada, parece um acampamento militar. A estrada é considerada uma rota importante para o tráfico da cocaína da selva peruana até as montanhas, respectivamente, até o litoral. Veículos que sobem vindo da planície são parados e meticulosamente examinados. Soldados com coletes à prova de bala e armados de metralhadoras ficam em pé, prontos para atirar. Seus uniformes verde-oliva me metem um pouco de medo. Lembro que, no início do nosso trajeto, Marco foi incisivo ao me alertar a evitar termos como "cocaína, drogas ou contrabando" na presença de outras pessoas. "Esse tema é tabu, ok?", disse ele, sério.

Nosso alojamento consiste de alguns casebres com telhado de zinco em volta de um pequeno quintal. Ali, duas mulheres lavam alface. Entre suas pernas, galinhas procuram restos de comida. Continua chovendo sem parar, mas as duas mulheres parecem não se incomodar. Vejo um gato pulando numa prateleira ao lado das mulheres para dormir entre as panelas coloridas. Penduramos nossas roupas encharcadas atrás do fogão quente na cozinha, esquecendo de fechar a porta. Erro fatal! Pouco depois, ouço ganidos horríveis, seguidos de latidos e do grito de uma mulher. Um dos cachorros entrou na cozinha e comeu dois dos preás que são cultivados ali mesmo, no chão. No Peru e no Equador, esses bichos não são animais domésticos, mas iguarias preparadas na panela. Portanto, na cozinha deste alojamento não apenas se prepara a comida, como se cultivam os animais. "Por que vocês não fecharam a porta, caramba? Vão ter que pagar os animais!", exclama o dono da pousada.

À noite, volta a chover. O telhado parece estar esburacado, pois a água entra por uma goteira diretamente em cima da cama de Misael. Embora faça frio e as roupas estejam úmidas, precisamos abrir a janelinha, pois a fumaça de um fogão a lenha entra no nosso quarto. No início, até gosto do cheiro condimentado, mas depois a fumaça se torna tão intensa que quase me rouba o fôlego.

Como não levamos alimentos, dependemos das refeições naquela pousada. Não há outro restaurante no lugar. Já durante o jantar sinto que haverá consequências – e elas não tardam a aparecer nos dias seguintes. Em intervalos regulares, salto da bicicleta e sumo entre os arbustos com o rolo de papel higiênico na mão. A viagem vira uma tortura.

O tempo é inclemente. Raras vezes a neblina dá trégua, descortinando vistas espetaculares para a legendária paisagem andina. A visão do mundo aqui em cima nas nuvens é única. Os terraços de cultivo agrícola verde, marrons e ocres se agrupam como pedrinhas coloridas de mosaico nas encostas íngremes. Muitos medem apenas poucos metros quadrados. Aqui e acolá, pedaços de nuvens fecham uma parte da paisagem de forma misteriosa. Embora tenha dormido mal e sinta muita dor de barriga e apesar do difícil trajeto, da chuva e do rio que nos roubam as últimas forças, estou feliz de estar neste lugar. Cruzamos com poucos veículos. Geralmente são caminhões obsoletos que levam dúzias de pessoas em suas caçambas. Elas se protegem da chuva com lonas de plástico e acenam para nós, gentis. A julgar pelos olhares, não encontraram muitos ciclistas com alforjes até hoje.

Paramos num pequeno lugarejo para esticar as pernas. "Tomem, eu que fiz", diz um bêbado que nos oferece uma garrafa com um líquido com forte cheiro de álcool. Ele cambaleia muito. A bebida parece ser forte. Dois colegas não menos alcoolizados tentam nos motivar a aceitar. Marco, com o baseado entre os lábios, toma um gole da garrafa e a estende para mim. Recuso, pois quero manter o controle e, no caso dessas aguardentes feitas em casa, nunca se sabe o que pode acontecer. Em compensação, Marco toma mais um gole da garrafa.

Enquanto isso, subimos quase tudo e estamos numa selva densa. À nossa volta crescem árvores gigantescas, cipós e arbustos. A temperatura deve estar bem uns 25°C acima do que marcavam os termômetros pela manhã. A forte chuva se transformou numa garoa. Mesmo assim, há imensas quantidades de água em movimento. As encostas íngremes estão lotadas de riachos e fios d'água, que se reúnem num rio caudaloso. De algumas rochas caem cachoeiras. O ruído que produzem ecoa pelo vale. Numa curva, uma cascata cai diretamente na estrada. De vez em quando, precisamos saltar e empurrar nossas bicicletas pelas poças ou por cima de restos de quedas de barreira. Tudo custa muito esforço.

Satipo é uma cidadezinha no meio da selva. Só existe avião para o Exército e para a polícia antidrogas. A única possibilidade para civis chegarem a Satipo é viajar de ônibus durante dez horas, cruzando um passo de 4.800 m. Poucos turistas estrangeiros chegam aqui. No entanto, além da rica variedade de flora e fauna há cachoeiras espetaculares. As ruas da cidade são dominadas por ruidosas motocicletas que enchem o ar com suas emissões. Há poucas lojas. Em compensação, existe um mercado colorido onde se acha de tudo. Depois de três dias de abstinência nas montanhas, aproveitamos a diversidade de frutas tropicais que custam poucos centavos. Mamão, goiaba, manga, banana – tudo fresquíssimo e dulcíssimo. Sinto como as vitaminas renovam o meu corpo espoliado.

NO COCURUTO DO MUNDO

Já no dia seguinte voltamos de ônibus para Huancayo. Na realidade, havíamos planejado passar vários dias em Satipo, mas a convivência com Marco ficou tensa. Discutimos cada vez mais, pois ele acha natural que eu pague tudo. A gota d'água é quando ele me pede dinheiro para comprar uma garrafa de rum e maconha. Ele conta que é muito mais barato comprar a erva aqui do que em Huancayo, e eu entendo agora por que ele quis empreender a viagem.

Sigo sozinho para o norte. Cães briguentos, o ar rarefeito, uma chuva de granizo e temperaturas por volta de zero sugam minhas últimas reservas logo no primeiro dia depois da partida. Estou arrasado. Num aclive, uma camionete me ultrapassa. A janela do carona está aberta. Quando o veículo passa por mim, ouço um grito: "Ei, gringo!" Estremeço e escuto dois homens se divertindo à minha custa. "Idiotas", devolvo, mas isso não ajuda. Pouco depois sinto um objeto atingindo as minhas costas. Não tenho certeza se a roda de um carro que passou levantando uma pedra ou se o carona jogou alguma coisa em mim. Estou farto de tudo, com os nervos à flor da pele. Minha motivação está chegando perto de zero. Os cães de dentes arreganhados vivem gerando adrenalina no meu sangue e agora ainda preciso aguentar essas hostilidades por parte de seres humanos!

Logo naqueles dias passo por La Oroya e Cerro del Paso, dois dos lugares mais miseráveis que jamais conheci. La Oroya é uma das cidades mais poluídas do mundo. A extração industrial de chumbo por companhias mineiradoras americanas e canadenses contaminou o solo e o lençol freático. A concentração desse metal pesado no sangue de 99% das crianças com menos de 10 anos está muito acima do limite. O material tóxico produz distúrbios no desenvolvimento de crianças e jovens, levando principalmente a uma capacidade intelectual reduzida. Tristes e cinzentos, os morros à volta da cidade olham para a cidade no vale. No meio, uma chaminé cinza-escura imensa, que durante muitos anos emitia os gases nocivos de uma fundição de metal, provocando doenças nos habitantes da região. Nas ruas, encontro pessoas com malformações físicas, uma imagem que me faz chorar.

Cerro del Paso, a cerca de 120 km ao norte de La Oroya e 4.338 m acima do nível do mar, deve ser a cidade mais alta e provavelmente mais feia do mundo. As casas ficam enfileiradas em torno de um buraco de 2 km de comprimento, um de largura e 250 m de profundidade que vai sendo cavado cada vez mais por dragas e escavadoras. Cercas com arame farpado impedem a visão daquela imensa bocarra. Placas dizem que é proibido fotografar, revelando que o dono da mina não deve gostar muito de ser observado. Mas o que pode haver de proibido ali?

Procuro um alojamento naquela cidade estranha. Ao tirar as bolsas da bicicleta para levá-las para cima, escuto um golpe surdo atrás de mim, seguido de gritos. Assustado, viro e vejo dois homens engalfinhados. Um deles vai ao chão. Corro para dentro da pousada e me tranco no meu quarto. Os gritos dos dois homens entram pela janela. Espio para fora e vejo um grupo de curiosos rodeando os brigões. Um policial vem correndo e resolve a situação na base do cassetete. Meia hora mais tarde, volto a escutar gritos e olho para fora. Dessa vez vejo um homem lutando contra dois cachorros grandes. Prestes a chorar, eu tiro a roupa molhada e me jogo na cama. Chega, não aguento mais! Não quero mais! Onde foi que me meti? Fecho os olhos e sinto como o gelo penetra pelo meu corpo, sinto a chuva que chicoteia e o granizo na minha pele. Escuto os latidos selvagens das bestas agressivas e o grito do idiota no carro que me ultrapassou. Vejo os rostos tristes das pessoas em seus casebres miseráveis, as montanhas de lixo. Quais as chances de uma pessoa nascida naquele fim de mundo não terminar a vida amargurada e triste? Face aos lucros que saem dessas minas, as pessoas aqui deveriam ser prósperas, mas a maior parte dos lucros sai do país junto com as matérias-primas extraídas, deixando para trás pessoas empobrecidas e malformadas em um ambiente venenoso e poluído. Alguém bate à minha porta. Abro. O dono do alojamento me entrega um balde com água morna. "Desculpa, não temos chuveiro aqui, mas você pode usar isso aqui para higiene." Agradeço e mergulho meus pés enregelados na água.

Decido abandonar o altiplano andino no dia seguinte e prosseguir minha viagem ao longo da costa do Pacífico, embora gostasse das montanhas e preferisse ficar por aqui. Por isso, terei que abrir mão da linda viagem através da cordilheira Negra e da cordilheira Blanca, passando dias pedalando por uma paisagem desértica. Mas não consigo mais suportar o frio gélido e a chuva com granizo. Segundo a meteorologia, 200 km a oeste de onde estou agora me espera um tempo ensolarado e seco com 35°C. Mal consigo esperar voltar a sentir raios de sol na minha pele.

Cruzo um vale abandonado até o caminho que desce até a costa e dura dois dias. Aqui e acolá, sou obrigado a descer da bicicleta e atravessar rios caudalosos, cujas massas de água às vezes invadem a estrada. Condores fazem seus voos espiralados entre as paredes rochosas íngremes. Por mais feias que essas aves possam parecer quando pousadas no chão, são majestosas quando voam com suas asas abertas de até três metros. Numerosas fontes termais soltam seus vapores à direita e à esquerda da estrada, água quente escorre em vários trechos, oferecendo uma oportunidade perfeita para descongelar os dedos dos pés e das mãos. Em apenas um dia, passo por uma paisagem rochosa bizarra, entremeada por campos de neve, campos verdejantes, plantações de pimentão e canaviais, até chegar a um deserto quase sem vida. Dunas de areia do tamanho de prédios me recebem à distância. Poucos quilômetros depois, lá está o Oceano Pacífico de um azul profundo.

A vida pode ser tão fácil! Nem acredito como a viagem prossegue nos dias seguintes – simples, sem esforço, sem chuva ou vento e com bastante oxigênio nos pulmões. E os cachorros! Entediados, ficam deitados à margem da estrada e me ignoram. Raramente um deles ergue a cabeça para, logo em seguida, deitá-la novamente, preguiçoso. Demora alguns dias até eu me acostumar às temperaturas subtropicais. Mesmo à noite, o termômetro permanece em 25°C – a sensação térmica é a mesma. Durante vários dias percorro uma paisagem desértica enfeitiçada, com dunas que lembram o deserto de Saara.

No meio dessa solidão, num trecho de estrada sem curvas de uns bons 15 km, passo por Guillermo. Este colombiano trajado de branco dos pés à cabeça está caminhando há três anos e meio. Na cabeça, carrega uma armação de arame com três letras: PAZ. "Estou quase voltando para casa. Só falta meio ano para eu voltar à minha cidade, Cali", diz, quando conversamos sobre nossas respectivas viagens. Ele iniciou sua caminhada em Medellín, na Colômbia. Foi até São Paulo, Buenos Aires, Santiago e de volta. 20.000 km em quatro anos e meio. "Quando terminar a América Latina, quero atravessar e Europa e, depois, a África." Estou boquiaberto. De bicicleta, as distâncias gigantescas entre as cidades já são um grande desafio no que se refere a obter água e alimentos, que dirá a pé! "Caminho cerca de 30 km por dia. Em regiões pouco habitadas, sou obrigado a confiar na ajuda de motoristas de carros ou caminhões. Mas isso nunca foi um problema até agora, as pessoas costumam ser bem generosas comigo". Ele abre a bolsa que carrega no cinto e procura entre várias fotos. "Se for a Trujillo, por favor passe na Casa de Ciclistas, procure Lucho e lhe entregue essa foto. Diga a ele que chegarei em cerca de oito dias. Ele me conhece bem. Somos amigos de longa data."

Poucos dias mais tarde encontro Lucho pessoalmente. Decido parar alguns dias para descansar em seu albergue de ciclistas em Trujillo – de um lado, por causa das minhas pernas cansadas, de outro, para voltar a estar entre pessoas e dar um tempo para a bicicleta. No albergue, sou recebido por 17 ciclistas, todos percorrendo a América do Sul. Alguns iniciaram a viagem há alguns dias, outros deixaram sua pátria muitos anos atrás. Pela primeira vez, dou-me conta das várias maneiras de realizar essa façanha e de como é heterogênea a tribo dos ciclistas. Michael, de Minnesota, faz o tipo minimalista. Vai da Cidade do México até Lima numa simples bicicleta masculina. No bagageiro traseiro, leva uma mochila feita por ele mesmo em um cesto de compras de plástico. O estudante barbudo com óculos de aro marrom não leva barraca, só uma rede com um plástico para se proteger contra a chuva. Para cozinhar, usa uma latinha de cerveja cortada. Encontrou na internet as instruções de como fazer tudo isso. Já o francês Batiste viaja com um equipamento *high tech*. Em suas bolsas à prova d'água, carrega câmera digital SLR e um laptop. No guidão, instalou um receptor GPS. Entre os hóspedes há ainda um grupo de seus músicos do leste europeu. Conheceram-se há dois anos nas Ilhas Canárias e, desde então, percorrem o mundo de bicicleta fazendo música. Seu repertório inclui canções em polonês, tcheco e espanhol. Geralmente, dormem até tarde e saem para ganhar dinheiro à noite. O guitarrista da banda anda pelos corredores com seu instrumento, buscando inspiração para uma música nova. Os fragmentos melódicos dão uma ideia da obra em gestação.

Lucho registrou todos os ciclistas que recebeu no albergue. Desde que o estabelecimento abriu, em 1986, foram mais de 1.800, a maioria da Europa, dos EUA e da Austrália. Folheio um dos numerosos livros de ouro na sala de espera em que Lucho pede que seus hóspedes escrevam alguma coisa. Alguns deixaram desenhos e fotos no livro, outros descrevem acontecimentos especiais durante a viagem ou reflexões. Quase todas as anotações são em espanhol, mas de vez em quando há trechos em outras línguas. Uma página está repleta de caracteres chineses. Daria tudo para saber o que significam esses sinais misteriosos. "Queria saber e entender o que as pessoas pensam, como organizam suas viagens e o que as motivou", diz Lucho quando tomamos uma cerveja e eu lhe pergunto por que resolveu abrir o albergue. Lucho fala de um amigo de longa data da Alemanha, Heinz Stücke. Heinz é um ícone para os viajantes de bicicleta, uma espécie de líder da nação dos ciclistas. Começou sua viagem em 1962 na localidade de Hövelhof, na Renânia do Norte-Vestfália, nunca mais tendo voltado para a Alemanha. Desde então, pedala incessantemente mundo afora. Nos últimos 50 anos, percorreu mais de 600.000 km, quase tudo na mesma bicicleta. Já se hospedou algumas vezes no albergue de Lucho. Na parede do corredor há várias fotos de sua viagem. As fotografias são maravilhosas. Cada uma conta uma história.

No albergue conheço ainda Sam e Ben, da Califórnia. Ambos iniciaram sua viagem três meses atrás em Ushuaia, a cidade mais meridional da Argentina, e querem chegar em três semanas em Quito, a capital do Equador, para voltar para casa de avião de lá. Planejamos pedalar juntos nas próximas três semanas, uma vez que Quito também está no meu caminho. "Não passem por Paijan, ali serão assaltados com toda certeza", adverte Lucho, quando arrumamos as bicicletas para seguir viagem. Paijan, na costa norte do Peru, registra um dos piores índices de criminalidade do país. Adolescentes armados jogam grampos de metal nos cruzamentos e depois assaltam os veículos que param para consertar o pneu. "De repente, vocês podem se ver diante de um garoto de catorze anos armado com revólver, tremendo, apertando o gatilho", acrescenta Lucho. Várias dúzias de ciclistas já se tornaram vítimas dessas gangues. Num dos casos, havia até um policial envolvido, acobertando os criminosos. De algum tempo para cá, as autoridades oferecem uma escolta gratuita para ciclistas. O serviço pode ser solicitado por telefone. Um carro da polícia encontra o ciclista interessado cerca de 50 km antes de chegar a Paijan e o acompanha por várias horas, até uma região mais segura, uns 50 km depois de Paijan. Lucho me mostra um boletim de ocorrência policial que inclui fotografias dos criminosos. Um ciclista mexicano solicitou o serviço de escolta, mas não havia carro à disposição no dia. O ciclista decidiu atravessar a cidade mesmo assim, sem proteção, e foi assaltado. Um mototáxi cortou seu caminho e ele caiu no acostamento. Primeiro, achou que era acidente, mas quando três adolescentes armados roubaram todo o seu equipamento, deu-se conta de que tinha sido vítima de assalto. Felizmente, não foi ferido e a polícia conseguiu todos os seus pertences de volta no mesmo dia.

Achamos o sistema da escolta policial algo complicado e, por isso, pegamos um ônibus até Pacasmayo, uma cidade ao norte de Trujillo distante de Paijan. Pelas vidraças arranhadas do veículo velho, vejo as ruelas daquele lugar horrível que já se tornou o ponto final para vários ciclistas. Um arrepio percorre minha espinha, pois a cidade se parece com qualquer outra do norte do Peru. Haverá ainda outros lugares desse tipo no meu trajeto que eu ainda desconheço?

Fico feliz com a companhia temporária de Ben e Sam – não apenas por me sentir mais seguro, mas também porque nos damos muito bem e, depois de tanto tempo sozinho, aprecio especialmente a troca de figurinhas com outras pessoas. É maravilhoso poder conversar enquanto pedalamos, parar juntos para descansar, andar quando o vento dá uma trégua e, no final do dia, tomar uma cervejinha para passar o dia em revista. Até agora, só pude processar meus pensamentos e sentimentos registrando-os em diário ou de vez em quando falando ao telefone com amigos e familiares na Alemanha. Felizmente, temos o mesmo tipo de condicionamento físico e pedalamos num ritmo parecido.

“NENHUMA PALAVRA, OU SE ARREPENDERERÃO AMARGAMENTE”

Já estou viajando há quase quatro meses. O calendário marca início de fevereiro e meu odômetro registra 8.500 km percorridos. Com exceção da perda dos meus documentos e algumas panes técnicas, até agora consegui avançar bastante e também me sinto bem fisicamente. Não falta muito para chegar na fronteira do Equador, e depois a Colômbia também já está próxima. Fico imaginando como deve estar o tempo na Alemanha – um céu cinzento, escuro, um vento gelado. Eu me arrepio quando lembro do ruído do limpador do para-brisas ao tirar a camada de gelo do vidro. Não gostaria de estar lá de jeito nenhum agora. Só a lembrança da mistura de lama e gelo que fica na beira das ruas depois da neve já é repugnante. Por que não prosseguir viagem por mais alguns meses, portanto? Não há motivos para terminar a viagem, já que não tive notícias do meu visto para o Brasil, o que de qualquer modo impossibilitaria agora a volta para o Rio de Janeiro.

Aos poucos vamos nos aproximando da fronteira equatoriana. Comparando com a região desértica seca e poeirenta mais ao sul, aqui já parece haver um pouco mais de água. Passamos por vários campos de arroz inundados. Tratores obsoletos com imensos aros de metal cruzam os lagos artificiais em cuja superfície se reflete o crepúsculo do céu. A região parece pacífica e idílica, beirando o kitsch. Ao ver essa suposta harmonia, custa crer que bandos criminosos ajam por aqui. Mas logo, logo esse perigo se tornará concreto...

Como em muitos outros países latino-americanos, a desigualdade social no Equador é brutal. Apenas 20% da população concentra 58% do Produto Nacional Bruto. Um em cada sete habitantes sobrevive com menos de um dólar por dia. Além dos recursos minerais, a economia se baseia na exportação de produtos agrícolas. O solo nesta região oferece condições ideais para o plantio das mais diversas plantas e frutas. Além de bananas, o país exporta flores – por volta de cem mil toneladas ao ano. Mas a alta competitividade dos produtos equatorianos no mercado mundial é comprada à custa de péssimas condições de trabalho. Muitas vezes, os trabalhadores dependem incondicionalmente das empresas. Baixos salários, remuneração por hora de trabalho, altas cargas de poluição por pesticidas, jornadas exageradas e a proibição de sindicatos mantêm baixos os custos de produção.

Atravessamos a fronteira para o Equador. Poucos quilômetros depois a coisa começa a ficar feia. Um aclive de talvez 15% e a temperatura de 35°C me fazem pingar por todos os poros. É quase insuportável o ar trópico abafado. Minha cabeça pulsa loucamente. Em compensação, a paisagem é estonteante. Na parte sul de uma montanha com vegetação tropical, subimos em serpentinas rumo ao céu repleto de nuvenzinhas brancas. Lamas e alpacas pastam em campos verdejantes. Aos poucos, vamos deixando para trás a planície peruana. Ao longe, ainda vemos algumas plantações de arroz brilhando no horizonte. O calor e a alta umidade do ar, em combinação com o esforço da subida em aclive, deixam nossas roupas ensopadas em suor. Por isso, resolvemos parar um pouco e pendurar as camisetas encharcadas no portão de madeira de um pasto para secarem.

No exato momento em que me preparo para saborear um pedaço de uma manga dulcíssima, escutamos um ruído enorme e um carro de passageiros faz a curva cantando pneu. Parece até que o motorista perdeu o controle sobre o veículo, pois o carro invade a pista no sentido contrário, mas consegue corrigir a direção, desaparecendo com motor uivante no pequeno bosque acima de nós. Pouco depois, em velocidade semelhante, segue um caminhão camuflado com vários solados armados de uniforme. O que foi isso? Nós nos entreolhamos, incrédulos e confusos. Nesse momento, o carro volta da mata, freia bruscamente e para na nossa frente. Fumaça cinza sai de baixo do veículo, o cheiro é de borracha queimada.

O motorista sai e corre até a cerca do pasto em que havíamos pendurado nossas camisetas para secar. É um homem baixinho e franzino, bem trajado e de chapéu preto. Nervoso, tenta abrir o portão com arame farpado, mas suas mãos trêmulas não conseguem. Vamos em sua direção, tiramos nossa roupa da cerca e lhe ajudamos a abrir o portão. Agitado, ele corre de volta para o carro na rua e tenta ligar o motor que morreu. O arranque geme um pouco, mas a máquina não quer pegar. "Vocês me ajudam a empurrar o carro até o pasto?", grita, segurando o portão com uma mão e o volante com a outra. Em quatro, empurramos o carro pelo portão adentro. O carro ganha velocidade, pois o caminho tem um declive, e o homem consegue pular no carro e fechar a porta. Em seguida, o carro e o homem desaparecem atrás dos arbustos. De repente, um baque surdo na direção em que o carro sumiu. Soa como se o veículo tivesse batido contra um obstáculo. Olho para Ben, que parece ao mesmo tempo estar se divertindo e com medo. Quando o cara volta com a testa ensanguentada, ficamos com a sensação estranha. "Aconteceu alguma coisa? Quer ajuda?", grita Sam, preocupado. Mas ele não responde. Vem caminhando em nossa direção sem dizer palavra. Como que petrificado, para um momento, olha para nós com expressão ameaçadora, pressionando o indicador contra a boca, como se quisesse dizer: "Nenhuma palavra sobre isso, do contrário se arrependerão amargamente! Entenderam?" Meu Deus, será que ajudamos a um ladrão de carro a esconder seu roubo? Ou será que ele usou o carro para fazer sumir alguma coisa ou alguém? Será que, além de testemunhas, ainda fomos cúmplices?

Uma moto aparece de dentro do bosque. O motociclista freia abruptamente e para ao nosso lado. "Temos um problema", diz ele, apontando para o homem com o rosto ensanguentado. "Qual é o problema?", pergunto. "Vocês não viram nem ouviram nada, está entendido?", diz ele, com uma expressão de advertência. Temerosos, assentimos e voltamos até as bicicletas, pedalando para a mata de onde saíram os dois veículos. O que pretendem aqueles dois? Em pânico, tentamos nos afastar o mais rapidamente possível do local do acontecimento, mas o aclive continua.

Nossos corações quase saem pela boca, tal o esforço e a tensão, embora só consigamos avançar lentamente. Atrás do bosque passamos por uma casa. O caminhão camuflado que nós vimos pouco antes está estacionado em frente à casa cercada por soldados armados. Dois deles estão prestes a entrar por uma janela. A cena quase nos rouba o fôlego. Temos a sensação de estar no meio de uma região em guerra. O que devemos fazer agora? Devemos falar para a polícia militar sobre o carro ou calamos a boca? Embora nos desagrade não agir no sentido da justiça, passamos pela casa sem dizer nada. A mera ideia de servir de testemunhas e, assim, entrar em choque com um bando criminoso congela o sangue nas minhas veias. Impossível fugir de bicicleta. Seria facílimo simplesmente sumir conosco. Por isso, decidimos abandonar a área o mais rápido possível e sem chamar a atenção, prosseguindo nossa viagem na planície ao longo da costa, mais densamente habitada, do que nessa região montanhosa quase deserta. Mas um passo de 2.000 m ainda nos separa da baixada. Ainda é preciso subir uma estrada íngreme. Vamos cada um no seu ritmo. Passo um tempo bem na frente, sozinho, ouvindo música e observando a paisagem espetacular. Já quase em transe, sou ultrapassado pouco antes do cume por uma caminhonete. Pelo retrovisor vejo dois homens sentados no carro. Sua velocidade é pouco inferior à minha, o homem no banco do carona olha pela janela, curioso. Alguns metros antes de mim, a caminhonete vai para o acostamento da direita e para. As portas se abrem, dois homens saltam e vêm na minha direção. Sinto uma sensação de desconforto ao ver o bastão na mão do homem que veio como carona. Meu Deus, o que o cara quer com esse bastão, é contra mim? Vou levar uma surra agora? Tem alguma ligação com os eventos da manhã? O pânico se alastra, meu coração quase salta do peito. Mas então acontece algo com que eu não contei nem em sonhos. O motorista abre o zíper e faz xixi na grama ao lado do caminhãozinho. O outro vai de roda em roda e bate com o bastão, provavelmente para checar a pressão. Não acredito! Tento segurar o riso, mas não consigo. Não posso mais! Meu riso quase me impede de respirar. Que situação grotesca!

Eu me dou conta de como o nosso ânimo pode ser influenciado por alguns acontecimentos isolados e como tendemos a tirar conclusões apressadas. Não poderei fruir o resto da minha viagem se não conseguir domar esse medo de ser perseguido. É claro que estamos numa região com risco mais elevado de segurança, devendo permanecer sempre vigilantes. Mas preciso combater a minha tensão interior. Fico aliviado quando vejo Sam e Ben chegando e voltamos a pedalar juntos.

Uma estreita rua de cascalho nos conduz no dia seguinte até a planície costeira equatoriana. As encostas são íngremes e densamente vegetadas. Mas lá em baixo há plantações de bananas, manga e cacau à nossa espera. Chegamos num pequeno sítio com restaurante na margem da estrada. Tanto as mesas e cadeiras quanto a cozinha estão a céu aberto. Há somente um velho telhado de zinco para proteger contra sol ou chuva. Duas mulheres cozinham, um homem lava a louça. "*Cuy sabroso*", grita o homem ao nos avistar. "Venham!" Acenando, vem em nossa direção e diz, sorrindo: "Vocês devem estar com fome. Deixem as bicicletas aqui atrás da árvore e sentem nesta mesa, já vou servir vocês."

Georgy serviu muito tempo no exército equatoriano como paraquedista. Aposentou-se há alguns anos e toca a plantação de banana e cacau junto com o restaurante. "Podem pernoitar lá em casa, temos mais um andar com duas camas e espaço suficiente para as bicicletas.", diz, ao servir os três pratos com porquinho-da-índia grelhado. E acrescenta: "Hoje à noite vamos a um churrasco na cidadezinha vizinha. Se quiserem, podem nos acompanhar." Mais uma vez, sou acometido por um início de desconfiança. Sua intenção é sincera ou será apenas falsa simpatia para nos enredar num plano malicioso? Não há como saber. Nem seu rosto, em seu comportamento dão qualquer indício. Resta apenas a possibilidade de seguirmos a nossa intuição. Sentamos na mesa e começamos a roer os pobres bichos. O aspecto é de chorar: entre batatas fritas, um pobre porquinho-da-índia achatado, com cabeça e as quatro patinhas. Parece até ter sido atropelado por um caminhão antes de passar vários dias secando no sol. Só se tiraram os olhos e as tripas. Dentes, orelhinhas e unhas ainda estão no bicho morto, de boca bem aberta. Apesar da visão algo perturbadora, a carne tem um sabor excelente. Para o meu gosto, poderia ser um pouco menos gordurosa. Triste apenas o fato de não haver muita carne, pois o bicho consiste em grande parte de pele e ossos.

Nós conversamos muito tempo com Georgy e sua esposa. Ele conta do seu tempo no exército e da paixão pela fazenda. Não depende mais da renda dessa atividade, hoje apenas um passatempo. Plantar, cultivar e colher, diz, é quase tão bonito quanto fazer filhos, diz ele, divertido. Sonha com uma viagem à Europa, fala entusiasmado da Itália, da França e da Alemanha. Até hoje, nunca saiu do Equador e do norte do Peru, mas em algum momento ainda quer realizar este sonho.

Depois do pôr do sol, subimos na caçamba do seu caminhão e seguimos com ele, a mulher e a filha para o churrasco. O ar continua abafado e quente e o vento durante a viagem de caminhão nos refresca um pouco. Já está quase totalmente escuro. A oeste, os últimos restos da luz do sol tingem o horizonte com um vermelho de brilho fraco. Espremidos entre mudas de plantas e duas latas de lixo, vamos chacoalhando na parte de trás do caminhão. Os buracos na estrada fazem da viagem uma cavalgada selvagem. Diante de um bosque, Georgy para abruptamente e manda: "Joguem o lixo na mata." Não consigo acreditar quando olho para os dois tonéis cheios de copos e garrafas de plástico e latas de conserva. Como é possível? "Isso mesmo, os dois latões, é só virar e despejar, sempre deixamos nosso lixo aqui." Com o coração pesado eu sigo as ordens e deixo o conteúdo dos latões cair ao lado da estrada, onde já há lixo de plástico, metal e vidro. Mal consigo acreditar na selvageria que estou cometendo. Para mim, europeu ocidental, esse ato equivale a um crime, mas se eu não cumprir a ordem, Georgy executará a tarefa com as próprias mãos, como parece ser o hábito aqui.

Na aldeia vizinha, a festa está animada. As ruas estão tomadas pela população. As pessoas estão sentadas na calçada em cadeirinhas ou bancos, ou então em pé, em pequenos grupinhos, conversando. Aqui e acolá assam salsichas e pedaços de carne no carvão ardente. A fumaça que sobe espalha um aroma aconchegante entre as casinhas. Fala-se e ri-se muito, as pessoas parecem estar se divertindo. "Eu trouxe três gringos", grita Georgy, quando saltamos do caminhão e nos sentamos junto dos seus conhecidos. Não demora e estamos cercados de curiosos, espantados com o aspecto das nossas caras pálidas. Alguns são falastrões, mas outros passam a noite inteira olhando para nós sem dizer palavra. Nos servem generosamente cerveja, carne e pão. De sobremesa, tem bolo e pudim doce. "*Tiene Facebook?*", pergunta um garoto, depois de nos observar durante algum tempo, tímido. "Claro", respondo, dando-lhe nossos dados de contato. A rede social já chegou a todos os países da América do Sul. Mesmo nos rincões mais afastados, todo mundo tem uma conta no Facebook. Somos o centro das atenções a noite inteira. Raras vezes na minha vida me aconteceu isso. As pessoas se interessam sem exceção por tudo, mesmo pelas as coisas da vida cotidiana que me parecem totalmente óbvias, como a alimentação, a rotina diária ou o trabalho na Alemanha. Quando voltamos para a fazenda de Georgy e nos deitamos para dormir, ainda passo algum tempo refletindo sobre o encontro com as pessoas. Foi breve, mas a cordialidade natural e a forma de lidar com gente estranha me impressionou profundamente. Como essas mesmas pessoas seriam recebidas na Alemanha?

Depois de um bom café da manhã, nós nos despedimos no dia seguinte de Georgy e sua família e continuamos a viagem pela baixada tropical. Depois de uma subida dificultosa para um passo de 3.800 m de altitude chegamos ao planalto andino. Um lindo mundo montanhoso colorido oferece uma ótima variação para os dias nas intermináveis plantações de banana e cacau. Além disso, o ar é agradavelmente fresco. Pradarias verdejantes e cumes nevados marcam a paisagem. Ao longo de 300 km, passamos por vinte vulcões, entre eles montanhas renomadas como Chimborazo (6.100 m) e Cotopaxi (5.897 m). Alguns dos vulcões continuam ativos. Em distâncias regulares, encontramos nas cidadezinhas placas indicativas com informações sobre o que fazer em caso de eclosão de um vulcão. No início, penso que as placas de advertência com gente em fuga e um cume de montanha fumegante são de brincadeira. Mas apenas dois meses depois de passarmos a cidade de Ambato ao sul da capital Quito, o vulcão Tungurahua entrou em erupção, lançando pelos ares fragmentos de rocha que pesavam toneladas. Alguns desses fragmentos voaram até 2 km de distância, abrindo crateras de alguns metros de profundidade ao bater no solo.

Numa esquina encontramos Lorenzo, outro ciclista. É um basco de seus quarenta anos. Seu equipamento parece bastante antigo. Os alforjes estão desbotados e partes da bicicleta, enferrujadas. De longe, dá para perceber que ele já está na estrada há um bom tempo. "Saí da Espanha em 1997. Planejei viajar por um ou dois anos, mas agora já são catorze e provavelmente serão dezesseis no total", conta o ex-professor. Cinco continentes, 135.000 km rodados e 85 países percorridos – eis o balanço de sua viagem até agora.

Pedalamos juntos até a próxima cidade e partimos em busca de um lugar para pernoitar. Um quarto com quatro camas custa seis dólares por cabeça. "Soube que há por aqui um hotel que cobra apenas cinco dólares.

Vou procurá-lo e encontro vocês para jantar", diz ele, mas depois de uma hora ele volta e resolve ficar conosco. O hotel mais barato fechou.

Lorenzo financia sua viagem só com a renda do aluguel de seu apartamento na Espanha. Apesar do custo de vida ser mais modesto na América Latina, é preciso ser extremamente econômico. Durante o jantar no restaurante, ele nos conta as peripécias de sua viagem. Entusiasmados, escutamos os seus relatos. "No sul do Sudão conheci as pessoas mais gentis, nunca experimentei tanta generosidade quanto lá. Na Etiópia jogaram pedras em mim e precisei ir para um hospital para tratar de um ferimento na cabeça", diz ele quando eu lhe pergunto de que maneira lidou com as pessoas nos diferentes países e de onde gostou mais. Quando perguntamos quantas vezes já tinha sido assaltado ao longo desses 14 anos, sua expressão de rosto um pouco severa cede a um sorriso. "Meia vez apenas", responde, sorrindo, "Faz alguns anos, estava eu caminhando na Cidade do Panamá, quando um homem com um revólver sob a camiseta veio em minha direção e pediu dinheiro. Eu logo vi que era apenas a ponta dos seus dedos e não o cano de uma arma, por isso me mantive tranquilo e me recusei a lhe entregar o dinheiro. O ladrão, então, tirou sua mão de baixo da camisa, olhou para o chão, disse que era muito pobre e pediu algum dinheiro para ele e sua família. E lhe dei oito dólares, ele agradeceu e me deu a mão com os mesmos dedos que, poucos minutos antes, usara para fingir uma arma apontada para mim."

Admiro Lorenzo profundamente pelo seu tesouro em vivências diferentes e pelas incontáveis experiências que coletou durante sua viagem de 14 anos. Admiro-o também pela coragem de abrir mão do conforto e da segurança de sua vida "normal" e confortável e levar essa vida modesta. Em poucos meses, provavelmente voltarei a ter um emprego seguro, mas Lorenzo, depois de todo esse tempo, terá dificuldade em encontrar uma ocupação regular. Mesmo assim, parece feliz e equilibrado – e isso, totalmente sem seguro de vida, previdência e planos para a velhice. Ele vive o "aqui e agora", todo dia, 100%. Não que eu quisesse estar no seu lugar, mas adoraria ter a sua calma e sua autoconfiança inabalável.

No caminho para Quito fazemos uma excursão de dois dias até a Laguna Quilotoa, um lago dentro de uma cratera de um vulcão extinto a 4.000 m de altitude. O vulcão entrou em erupção pela última vez há 700 anos. A erupção foi tão violenta que o rio de lava chegou até a costa do Pacífico, a 250 km de distância. Desde então, aquela bocarra se mantém quieta. Restaram apenas algumas fumarolas e fontes quentes. Na margem da cratera há uma pequena trilha, na qual se pode rodear o lago redondo em três horas a pé. Tem-se uma magnífica visão da superfície da água verde-esmeralda por causa dos minérios nela dissolvidos. A vista é acachapante. Raras vezes vi essa cor na natureza.

Em Quito, capital do Equador, passamos alguns dias na casa de Axel e Andrea. Sam e Ben conheceram o casal num fórum de ciclistas na internet. Andrea é equatoriana e Axel vem da Argentina. Há dois anos, ele iniciou seu tour de bicicleta em Anchorage, no Alasca. Em Quito, conheceu Andrea, apaixonou-se e resolveu terminar a viagem, ficando com ela no Equador. Desde então, moram juntos e oferecem seu apartamento como pernoite gratuito para ciclistas. Durante o jantar, Axel relata suas experiências da viagem através da América do Norte e Central. Entusiasma-se ao falar das florestas infinitas no Canadá, dos desertos na Califórnia, das montanhas no México e das praias maravilhosas do Caribe. Naquela noite resolvo definitivamente não terminar minha viagem na Colômbia, mas atravessar de navio até o Panamá e prosseguir pelo menos até a Costa Rica.

Infelizmente, para Ben e Sam, Quito é a última escala. Eles já compraram as passagens de avião de volta para San Francisco, voltarão respectivamente ao emprego e à universidade. Sentirei muito a sua falta nas semanas vindouras, pois nos demos muito bem, apesar de todas as tensões. Sua companhia me deu uma sensação muito agradável de segurança.

COLÔMBIA, NA EXTREMIDADE DO CONTINENTE

Fisicamente recuperado, prossigo a viagem para o norte no início de março. Pouco depois da cidade, passo pelo "meio da Terra", como os equatorianos chamam a linha do Equador. Num único segundo passo rolando do hemisfério sul para o hemisfério norte, ou seja, do outono para a primavera. Voltei para a "minha metade" – o lado da Terra em que nasci e cresci. Pode soar meio maluco, mas subitamente sinto que estou bem mais próximo da minha pátria.

Embora, ao longo dos últimos meses, tenha encontrado diversos ciclistas fascinados pela Colômbia e seu povo, tenho uma sensação estranha ao me aproximar da fronteira. Dentro de poucas horas pisarei o país em que até há poucos anos ainda havia uma guerra sangrenta, com milhares de vítimas. Graças à maciça atuação das forças policiais e do exército, a situação de segurança da Colômbia se distendeu nitidamente ao longo dos últimos cinco anos. Mas as FARC, Forças Armadas Revolucionárias da Colômbia, um movimento de guerrilha de esquerda radical, continua ativa em algumas regiões do país. Desde 1964, as FARC empreendem uma luta armada contra o governo e seus representantes, volta e meia vitimam pessoas completamente inocentes em suas ações violentas. A maior organização de guerrilha da América Latina é considerada por vários países como uma organização terrorista. À primeira vista, suas intenções parecem razoáveis. Assim, por exemplo, faz parte de seus objetivos aumentar os gastos para serviços sociais e educação na Colômbia, proteger a indústria nacional da concorrência estrangeira e introduzir programas de desenvolvimento para áreas rurais. Por outro lado, as FARC são responsáveis por numerosos sequestros e assassinatos, produzem e comercializam cocaína e infringem os direitos humanos e internacionais empregando soldados armados mirins e espalhando minas terrestres.

Atravesso a fronteira numa tarde maravilhosamente ensolarada. Logo depois, desço por um vale estreito e fundo. As colinas íngremes estão cobertas por vegetação. A toda hora despencam cachoeiras das paredes rochosas quase verticais, que chegam a 200 m de altura. A vista é grandiosa. O fundo do vale está na sombra. Faz frio e sopra um vento fresco. Atravesso uma ponte e chego do outro lado, onde a estrada já volta a subir num forte aclive. De longe já avisto quatro homens ao lado da ponte, armados com metralhadoras. Vestem coletes à prova de bala, capacetes e uniformes de camuflagem. Quem são? O que querem? "Bom dia, tudo bem?", grito com tranquilidade disfarçada, enquanto passo pela ponte. Gentis, acenam e me desejam boa viagem. Como venho a saber mais tarde, as principais vias de trânsito fazem parte dos objetivos das FARC. Destruindo pontes, conseguem obstruir importantes vias de trânsito por bastante tempo. Para impedir isso, os homens de uniforme verde-oliva com suas compridíssimas metralhadoras ficam posicionados ali. Em todo o país, encontro-os nas pontes, diante de túneis, nas aldeias das montanhas ou nos passos. Sob os capacetes vejo rostos quase infantis – estimo que a maioria deva ter entre 20 e 25 anos. Nos postos de controle maiores, com até 15 soldados armados, às vezes há blindados estacionados que lembram as imagens na televisão do Afeganistão ou do Iraque. Nas regiões desérticas do Oriente Próximo, os blindados já se tornaram parte do cotidiano. Mas aqui, na paisagem montanhosa pacífica, idílica e harmoniosa, parecem corpos estranhos.

Passo a maior parte do dia subindo ou descendo montanhas. Durante várias horas seguidas, subo as íngremes estradas montanhosas para, do outro lado, descer tudo de novo por alguns minutos. Nessa região, os Andes têm uma morfologia fortemente acidentada. Quase não existem trechos de estrada horizontais.

Atravesso numerosos vilarejos com lindas igrejas e casarios antigos em estilo colonial. As pessoas são extremamente gentis e solícitas. Depois daqueles acontecimentos desagradáveis no norte do Peru, sinto-me melhor e mais seguro em sua companhia.

Em um pequeno vilarejo leio "*Mazamorra fresca*" em uma placa ao lado de uma casa. Não tenho a menor ideia do que significa. Para desvendar o mistério, paro, encosto minha bicicleta numa árvore e bato na porta de madeira da casa. "*Mazamorra* é uma espécie de mingau doce de milho. É servido com caldo de cana seco, chamado *panela*", explica uma senhora negra com expressão séria ao abrir a porta. "Espera, vou trazer uma caneca". "Obrigado", respondo, na esperança de conseguir amenizar um pouco os meus joelhos trêmulos de tanta fome. Sento na mesa diante da sua casa, onde ela me serve um prato do líquido branco e denso. O sabor é ótimo, e depois de algumas colheradas já noto como a taxa de glicose no meu sangue volta a subir.

A mulher se senta a meu lado e começamos a conversar. "Você é da Alemanha? Minha filha mora em Bremen. Há três anos, conheceu um turista alemão e foi morar com ele."

Pouco tempo depois, entra na casa e volta com um telefone. "Alô?" Inacreditável! Estou em algum lugar da Colômbia, conversando com uma colombiana na Alemanha. Num alemão quase sem sotaque, ela conta do Mar do Norte, da região de Lüneburger Heide e de salgados alemães típicos. Eu, por outro lado, falo que provei pela primeira vez na minha vida a *mazamorra* colombiana feita pela sua mãe. Que história saborosa!

O terreno se torna menos acidentado. A estrada acompanha um vale que se abre com enormes canaviais. Em alguns trechos, o rio sai do leito e alaga prados enormes, alguns deles com árvores. A norte da cidade de Cali, meu odômetro pula para 10.000 km. É uma sensação gloriosa ver esse número mágico de cinco algarismos, que já corresponde à distância entre o polo e a linha do Equador, ou seja: um quarto do diâmetro da Terra. Agora, já estou mais próximo dos EUA do que de Buenos Aires, de onde parti quatro meses e meio atrás.

Atravesso um passo no fim de um imenso vale e chego a Medellín. A segunda maior cidade da Colômbia tem um passado complicado. Nas décadas de 1980 e 1990, ali agia o chamado cartel de Medellín, maior exportador de cocaína do mundo. O homem mais conhecido era Pablo Escobar, um dos traficantes mais inescrupulosos e brutais de todos os tempos. Dizem que, durante o apogeu de sua atuação, ganhava 1,5 milhão de dólares por dia com o pó branco. Durante muito tempo foi tido como um dos homens mais ricos do mundo. Costumava prometer 500 dólares por policial assassinado. O presidente americano George Bush chegou a declarar Escobar como o inimigo público número 1. Em 1993, uma unidade de elite colombiana finalmente conseguiu eliminar o bandido durante uma blitz. Depois disso, as milícias paramilitares recuaram e a situação de segurança no país se distendeu gradualmente.

A "capital das montanhas" ou "capital das flores", como costumam chamar Medellín devido aos muitos jardins e parques e por causa de sua localização nos Andes, causa em mim uma impressão muito positiva. O trânsito é ordenado, as ruas são limpas e as casas poderiam estar em algum lugar do sul da Europa. Desde o início, eu me sinto bem, apesar de algumas experiências ruins em outras metrópoles sul-americanas. Num cruzamento no centro, peço a um senhor mais velho que me recomende um alojamento. Conversamos um pouco e somos observados por dois repórteres do outro lado da rua. Um deles vem na nossa direção. Eles trabalham para uma emissora local de TV e estão fazendo uma matéria sobre um jardim de infância. "Podemos entrevistá-lo?", pergunta o repórter, olhando para o meu equipamento. Diante da câmera ligada, falo das minhas experiências durante a viagem, das vivências com as pessoas, das dificuldades cotidianas e da relação com a minha bicicleta. No fim, ele quer saber como eu chamo a minha magrela – afinal, temos mais contato físico um com o outro do que muitos casais. "Stefanie", respondo, pois pouco antes estava ouvindo uma entrevista com Steffi Graf no meu MP3. Subo várias vezes na bicicleta, dou umas voltas e paro diante da câmera. "Pronto, perfeito", diz o cinegrafista. "A reportagem sai amanhã às 1h30 no canal *Cosmovision*. Se quiser, pode mandar um recado agora para seus amigos e familiares na Alemanha."

Passo alguns dias tranquilos em um hostel e mergulho na vida diurna e noturna da cidade junto com outros turistas. Entre viajantes, é comum conhecer personalidades bizarras, que vemos raramente no cotidiano normal em casa. O brasileiro Cleonio é um bom exemplo. Viaja há vários anos e quase toda noite convida todo o grupo para um drinque. Ao ser perguntado como ganha o seu dinheiro, ele responde depois de um trago no cigarro de maconha: "Sou uma usina de ideias para um canal de TV brasileiro. De vez em quando invento novos conceitos para shows e outros programas e os vendo por até 200 mil dólares. Costumo ficar inspirado quando viajo – em cidades, na praia ou em festas."

O irlandês Erin, por outro lado, trabalha algumas semanas por ano em plataformas de petróleo na Nigéria e passa o resto do ano viajando pelo mundo com sua bicicleta. Ele é soldador submarino e conserta plataformas que ficam ao longo da costa africana. Seu trabalho é duro, difícil e perigoso, mas o polpudo salário compensa tudo e lhe oferece a possibilidade de passar férias a maior parte do ano.

François já terminou sua vida profissional. Este aposentado de Paris trabalhou muitos anos como executivo de uma montadora francesa. Provavelmente, poderia morar o resto da vida em hotéis cinco estrelas.

Mesmo assim, prefere simples hostels. O contato com outras pessoas é mais fácil e ele se sente 30 anos mais jovem, diz à noite, enquanto tomamos uma cervejinha na sala de estar. Hotéis de luxo, segundo ele, já foram muitos em sua vida.

Começa a última etapa no continente sul-americano. Só mais alguns dias. Faltam 400 km até a costa do Caribe. Em pensamento, eu me vejo deitado numa praia de areia branca, em frente ao mar aberto, tomando uma água de coco. Mas uma acidentada paisagem montanhosa com passos íngremes ainda me separa da costa. Nos primeiros 15 km depois de Medellín já é preciso subir 1000 m. O aclive é cada vez maior e tenho a sensação de que a bicicleta quer se tornar minha inimiga. Quero subir, mas aquela maldita insiste em descer!

Finalmente, o aclive cede um pouco, mas o passo ainda não está à vista. Em compensação, uma imensa parede rochosa tranca a estrada, que desaparece num túnel. Na entrada há um policial. Quando eu me aproximo, ele me manda parar. “Infelizmente, você não pode passar, o túnel está fechado para ciclistas”, diz ele. “Se quiser, posso parar um carro ou um caminhão e pedir o motorista para dar carona”. Uma picape lotada vem subindo a colina. No carro há um casal com duas filhas. A caçamba está lotada com caixas de mudança e um ventilador. A mulher no banco do carona abre a janela e me olha fixamente. Em seguida, diz: “Você é o ciclista da televisão, não? Vi sua entrevista ontem à noite”. “Claro”, diz o homem, “é ele mesmo, aquele maluco da TV! Sobe aí, claro que pode ir conosco. Podemos fazer uma foto?” Poso para a câmera com a família colombiana e minha bicicleta. O policial assume o papel do fotógrafo. “Quero uma foto sozinha com ele”, diz uma das filhas. “Também quero”, diz a outra um pouco depois. Sorrio para a câmera e me sinto um pouco como Kate Moss na passarela. Com minha bicicleta e meus alforjes entre as caixas na caçamba da picape, passamos pelo túnel até o outro lado da montanha. “Falta muito até os Estados Unidos, toma aqui para não morrer de fome”, diz a mulher quando paramos, oferecendo-me um sanduíche e uma lata de Coca.

"Cuidado, a estrada para Turbo é muito perigosa. O asfalto está cheio de buracos, há inúmeras curvas apertadas e, se chover, a pista invariavelmente é invadida pela água." Agradeço o lanche e a carona e desço tranquilo estrada abaixo, até o vale.

Já está escuro quando chego em Santa Fé de Antioquia. Nesta pequena cidade romântica, a vida se passa invariavelmente do lado de fora. Inúmeras pessoas ficam reunidas nas vielas de calçamento antigo e na Plaza Mayor, onde fica a catedral, emoldurada por palmeiras e cactos. Janelas e portas de todas as cores possíveis decoram as paredes alvas das casas. Ao buscar um alojamento, encontro quatro enfermeiras de Medellín. "Pode tirar uma foto da gente na frente da igreja?", pede uma delas. "Hoje é o aniversário da Diana, queremos comemorar num restaurante e depois dançar salsa, venha também! Precisamos de um homem forte que nos ajude a comer a torta de aniversário." Estou cansado, exausto, prefiro ir dormir. Mas quantas vezes na vida serei convidado por quatro colombianas para dançar e comer torta? Sentamos num dos vários restaurantes bonitinhos com música ao vivo e nos deleitamos com a rica e colorida torta de aniversário. As moças, que não querem engordar, comem cada uma um pedaço minúsculo. O resto desaparece no meu estômago esfomeado. Incrédulas, assistem enquanto devoro um pedaço atrás do outro. Essa dose extra de calorias vem bem a calhar, agora que ainda preciso atravessar as montanhas até a costa do Caribe. Mas boa parte da energia já é consumida antes, durante a salsa. Não posso descansar nem cinco minutos antes que a próxima me tire para dançar e me arraste para a pista.

No dia seguinte, minhas pernas estão pesadas e doloridas e a minha cabeça dói depois da overdose de aguardente. Parece que uma noitada dessas me exaure mais do que a travessia dos Andes de bicicleta. Quem sabe, eu deveria acrescentar essa atividade ao meu plano de treino? Deito na piscina do hotel das quatro colombianas e me lambuzo com sucos de frutas.

A continuação da viagem à tarde é arrastada e difícil. Não consigo encontrar o meu ritmo. Logo depois da periferia da cidade começa o aclive. Meus músculos trabalham no limite. O calor está insuportável. O suor escorre pela minha testa e pelo nariz, meus olhos ardem com o sal. Por que não fiquei simplesmente naquela piscina? Um caminhão me ultrapassa e para do meu lado. "Ainda tem uma subida braba pela frente", diz o motorista pela janela, "quer pular na caçamba? Eu te levo mais alguns quilômetros!" Agradeço a oferta, explicando que gosto de subir pedalando, embora preferisse naquele momento sentar no seu caminhão e sentir o vento nas minhas orelhas. Não demora e me arrependo da decisão, pois pouco tempo depois começa um temporal terrível e uma chuva torrencial desaba das nuvens negras. Em questão de poucos minutos, as gotas gordas e frias me transformam em um pano de chão encharcado. No início, o refresco me agrada. Mas logo sinto tanto frio que tremo todo. Ninguém gosta de estar fora de casa com esse tempo. É horrível sentir a roupa molhada grudada na pele. Além disso, uma neblina espessa impede enxergar qualquer outra coisa. Nada sobrou da paisagem montanhosa. Mais alguns metros e o mundo inteiro se dissolve em um branco difuso. Não vejo nada do alto do passo. Só depois de descer algumas centenas de metros me dou conta de que devo ter acabado de passar o trecho mais alto da estrada.

Agora, é só descida. Aos poucos, volta a esquentar. O tempo fica mais seco e o sol aparece. Cruzo um vale rodeado de cumes de montanhas verdejantes e que se abre aos poucos. De vez em quando, a estrada passa por pequenas aldeias charmosas. Têm poucos habitantes, mas sempre há uma igreja no centro. Ao contrário do que ocorre nas casas geralmente sem vida na Bolívia e no Peru, vê-se em muitas casas uma espécie de afeto dos moradores e seu amor por detalhes. As fachadas são revestidas e pintadas. Portas e janelas brilham em todas as cores e flores coloridas decoram os terraços e as entradas. As casas refletem a alegria de viver de seus moradores. É evidente que se sentem bem. Tanto mais horrorizado fico quando encontramos vários policiais num bosque entre dois vilarejos. Um deles engatinha por entre os arbustos com uma câmera. Intuo que a coisa está feia ao ver pequenas plaquinhas com números impressos no chão, que nas séries televisivas sempre servem de marcação para o material de provas. Ao lado da estrada jaz um corpo, coberto por um lençol. Só dá para ver as pernas. A julgar pelos sapatos, trata-se de um homem. A visão me faz suar frio nas costas. Pouco tempo mais tarde, chega um motoqueiro da direção oposta. Ao ver o aparato policial, para. Primeiro, eu acho que ele quer vir falar comigo. Mas ele se limita a observar a cena de longe. Com expressão preocupada, tira um celular do bolso, murmura algo incompreensível e, em seguida, parte na direção de que veio. O cara tem alguma coisa a ver com o defunto? Parece querer evitar a cena, caso contrário não daria meia-volta.

Prossigo minha viagem através do bosque. A vegetação vai se tornando cada vez mais densa e escura. Aos poucos, o amplo vale se torna um abismo. Algumas centenas de metros acima do vale, as paredes rochosas íngremes somem por entre as nuvens. São elas que roubam uma parte da luz, junto com as árvores e os arbustos. Está tenebroso. Recomeça a chuviscar. Aos poucos, o chuvisco se transforma em um forte toró. As gotas martelam nas folhas das plantas e das árvores, riachos correm sobre a estrada e formam poças marrons. A toda hora preciso saltar e empurrar a bicicleta. Debaixo de uma árvore gigantesca, cheia de cipó, paro para comer um pacote de *bocadillos*. Os cubos doces de geleia de goiaba não apenas são uma boa fonte de energia como também um alimento para os nervos. Sinto como o açúcar me devolve um pouco de força e acalma minhas pernas trêmulas.

A paisagem é estupenda, mas neste momento o silêncio me oprime. Por mais relaxante e curativa possa ser a solidão nas situações certas, neste momento ela pesa para mim. Quero voltar rapidamente a encontrar gente, estar no meio da cidade, do movimento. A todo momento passo por postos de controle da polícia militar. Embora seus blindados e suas metralhadoras pareçam ameaçadores, os jovens soldados me transmitem um agradável sentimento de segurança. São gentis e simpáticos. Só me param porque querem conversar comigo. Certa noite até recebo uma refeição deles. Sua cozinha de campanha me serve um prato de sopa de feijão.

Depois de percorrer o bosque escuro durante alguns dias finalmente chego a Turbo. Devido à proximidade do Panamá, essa cidade portuária na costa do Caribe é vista como a capital do contrabando. Pequenas lanchas levam a mercadoria daqui até as áreas costeiras relativamente confusas do país a apenas 50 km de distância. Esse tipo de negócio ambíguo atrai toda sorte de tipos duvidosos. Não é de admirar que a taxa de criminalidade na cidade e seu entorno seja elevada. Mesmo assim, sinto-me livre estar de novo na civilização, ou seja, perto de gente. Depois da experiência com o cadáver, aquela selva escura não era exatamente prazerosa para mim.

Turbo não é um lugar bonito. As favelas nas periferias são dominadas por barracas, o trânsito é caótico e no porto há um fedor de água podre no ar. Mototáxis e caminhões passam ruidosamente pelas ruas, agitando nuvens de poeira. Mesmo assim, Turbo tem um certo charme. Há algo de ousado e misterioso no ar, um certo clima de Velho Oeste.

O porto é o coração da cidade, agitado. Pescadores vendem peixes recém-pescados em barraquinhas. Trocam-se mercadorias, fazem-se negócios. Os produtos chegam em carroças puxadas por burros ou simples carrinhos de mão para serem colocados nos barcos. Várias dúzias de trabalhadores esperam os navios atracarem para descarregar mercadoria. Muitos dos barcos no porto trazem sua idade de longe. Não dão a impressão de que aguentarão até o próximo porto. No meio, há alguns veleiros bonitos de aventureiros dos EUA ou da Europa que estão em viagem pelo Caribe.

Num botequim, conheço o texano Brian. Há oito anos vendeu sua casa em Dallas. Desde então, mora num veleiro. Dependendo da época do ano, fica no Caribe ou no Pacífico. Tem o olhar típico do aventureiro. Os cabelos desbotados pelo sol pendem no seu rosto bronzeado. Parece calmo e relaxado. Ganha seu dinheiro transportando turistas, geralmente no trecho entre a Colômbia e o Panamá. Não há estrada ligando os dois países. Quem precisar transitar de um para o outro deve usar o caminho marítimo ou o caminho aéreo, ou então optar por uma caminhada de vários dias a pé, atravessando a selvagem paisagem de pântano de Darién, uma das áreas onde as FARC se concentram.

PIRATAS DO CARIBE

Decido fazer a travessia para o Panamá de lancha. Não apenas por ser mais barata em comparação ao avião, mas porque a viagem passa pelo arquipélago de San Blas, oferecendo um pouco da atmosfera do Caribe. Algumas das 378 ilhas têm o tamanho de uma quadra de futebol. E só 49 são habitadas. Nas areias branquíssimas nascem coqueiros e, ao longo, das praias desertas e infinitas brilha o mar turquesa como no paraíso.

A travessia transcorre em três etapas. Uma embarcação de dois motores me leva de Turbo até a aldeia costeira de Capurganá, perto da fronteira com o Panamá. O barco tem poucos metros de comprimento e capacidade para dez passageiros, mas é movido por dois potentes motores que transformam aquela ingênua casca de noz numa fúria desembestada, levando-a a percorrer a água com uma velocidade infernal. Durante três horas, fica-se sentado em bancos de madeira duros e desconfortáveis, voando pelos ares a cada onda, só para voltar a cair com toda a força nos bancos. Solavancos fortes sacodem o esqueleto. Minhas vértebras estalam. Mal dá para suportar. A dor é visível nos rostos dos outros passageiros.

A pequena aldeia não pode ser alcançada pela via terrestre. Nas apertadas vielas calçadas de pedra não transitam veículos motorizados. Reina uma atmosfera distendida e calma que remete a épocas passadas. Pacíficos, os barquinhos coloridos balouçam no porto. O estresse e a agitação não chegaram aqui ainda. O ritmo de vida está dissociado da terra firme. Decido fazer um intervalo de um dia naquela calma idílica. Afinal, minhas pernas ainda sentem os esforços dos últimos dias nos Andes colombianos. A praia é só minha, e mesmo na trilha através da selva tropical atrás da aldeia não encontro vivalma. Beirando um rio, chego até uma cachoeira, onde sapos, lagartixas e cobras coloridas se escondem de mim na mata.

Não existe horário definido para o próximo trecho até o Panamá. Os barcos transitam esporadicamente, dependendo da demanda. “Ocasionalmente, Pablo leva turistas até o Panamá no seu barco. Ele é muito confiável”, diz o dono de uma escolinha de mergulho no porto. “Basta chegar no porto por volta das quatro e meia, quando ele costuma estar lá. Ele tem um nariz achatado e é forte, você não terá dificuldades em identificá-lo.”

Espero até cinco e meia, mas nem traço de Pablo. Às seis ele aparece, finalmente. De longe já reconheço o homem calvo. "Amanhã de manhã posso te levar para Portobelo. Venha às seis", diz, quando pergunto sobre as possibilidades de travessia. A bicicleta e a bagagem cabem no meu barco sem problemas", garante. "Beleza, então até amanhã às seis".

Conforme o combinado, chego ao porto no dia seguinte às seis da manhã e vejo um mar calmíssimo. Nenhum vento, mas continua tão abafado e quente quanto na tarde anterior. Embora o sol já tenha desaparecido atrás do horizonte há mais de dez horas e ainda não tenha dado as caras, o suor já me escorre pela testa. Sento-me num banco e fecho meus olhos cansados. Não estou mais habituado a acordar neste horário. Daqui a pouco subirei no barco e aproveitarei o vento. Mas isso é um sonho! Espero mais de seis horas no porto. Nada acontece. Pablo simplesmente não aparece. Ao meio-dia ainda estou sentado na mureta do cais, esperando, em vão. Minha esperança já se transformou em raiva quando um jovem vem falar comigo: "Está esperando Pablo? Ele esteve numa festa ontem e encheu a cara. Deve estar dormindo ainda. É melhor não fazer a travessia hoje, mesmo que ele te ofereça. É melhor fazer a travessia de cara limpa, pois pode ser bem perigoso". Mal consigo acreditar no garoto. Peço que ele me leve à casa de Pablo.

Atravessamos a cidade. Estou fervendo de raiva. A ideia de confiar minha vida a uma pessoa tão pouco confiável e atravessar o mar do Caribe com ele durante sete horas me dá medo. Quem sabe, depois de poucos quilômetros ele resolve me lançar na água ou me deixa em alguma ilha? "Esse é o barraco dele", diz o jovem, batendo na porta de madeira. Uma senhora de certa idade abre com rosto preocupado. Balançando a cabeça, diz: "Meu filho ainda está dormindo. Não está bem hoje. Está com dores de cabeça terríveis. Volte mais tarde, depois de ele acordar."

À tarde volto até o porto e encontro Pablo, finalmente. Está sentado com amigos diante de um restaurante, bebericando uma cerveja. "Vamos só amanhã de manhã para Portobelo. Venha para o porto às sete", diz, sem me cumprimentar ou sem se desculpar por ter me feito aguardar durante seis horas. Estou com vontade de torcer o seu pescoço. Mas preciso achar um jeito de chegar no Panamá, e parece que ele é o cara.

Na manhã seguinte, espero mais uma hora no porto, mas ele acaba chegando. Conforme o combinado, eu entrego os 120 dólares e subo no pequeno barco de um motor junto com uma turista francesa e um colombiano. As formalidades alfandegárias são resolvidas em Puerto Obaldia, uma aldeia a poucos quilômetros de distância do outro lado da fronteira, onde chegamos depois de uma hora. Numa barraca militar somos investigados para descobrir se há mercadoria contrabandeada. Policiais de metralhadora em punho ficam ao lado, observando tudo. Mandam que eu abra cada bolsa, sem exceção, e querem ver até a garrafinha de combustível do meu fogareiro para ver se estou escondendo cocaína.

Em seguida, começa a etapa de seis horas até Portobelo, no Panamá. Saímos do porto calmamente. Depois, Pablo acelera e nós voamos mar aberto afora. As ondas batem no casco e a água salgada e quente espirra nos nossos rostos. Estou um pouco irritado. Por que não seguimos a costa em direção a Portobelo a noroeste, rumando para leste no mar aberto? Olho para trás e vejo as casas de Puerto Obaldia sumindo lentamente na linha do horizonte. Para onde diabos estamos indo? Segundo esse rumo, vamos terminar chegando a Cuba.

Pablo pega o celular. Com a outra mão, segura o receptor GPS. Aperta os olhos para perscrutar o horizonte. Parece estar procurando alguma coisa ao longe. Erramos pelo mar em ziguezague. O que será? Logo, o segredo é desvendado. Entre as ondas aparece uma lancha, os dois tripulantes nos encaram fixamente. Pablo cumprimenta ambos ao se aproximarem finalmente. Tudo leva a crer que esperaram por nós. Com uma vara de madeira, somos puxados até encostar na lancha, enquanto as ondas tentam sempre afastar as duas embarcações. "Tirem a bicicleta e guardem essas coisas em baixo da bagagem de vocês", manda Pablo, enquanto recebemos três sacos dos caras do outro barco. "É sabão em pó, precisamos levar para o Panamá", diz Pablo, sem querer dar mais explanações. Sabão em pó? Por que tanta complicação e manobra para levar sabão em pó? Colocamos os três embrulhos no fundo do barco, embaixo das nossas bagagens, antes de prosseguir em velocidade total. Volta e meia, o motor falha e o barco para. Por alguns minutos, podemos descansar dos solavancos ferozes e do barulho ensurdecedor, balançando nas ondas, enquanto o motorista abre o motor e tenta consertar a ignição. Depois, prosseguimos durante uma hora, antes de o motor engasgar novamente.

As ilhas San Blas se anunciam muito antes de chegarmos. Embora estejamos a vários quilômetros de distância, o mar é tão raso que precisamos cuidar para não atolar. Em alguns trechos, as pontas de corais emergem da água. Algumas vezes, o comandante manobra no último segundo para não trombar com os corais. A superfície do mar é linda, azul-turquesa e lisa, uma vez que as ondas do oceano quebram vários quilômetros antes dessa zona natural de proteção no Caribe.

Então, avistamos as ilhas. Muitas delas não passam de bancos de areia alguns centímetros mais altos do que o nível do mar, com um punhado de coqueiros. Não consigo identificar nenhum rastro de civilização nelas. Só vejo alguns casebres mais a norte, quando passados por algumas ilhas maiores. São construções simples, todas de madeira e cobertas com folhas de palmeiras. Algumas têm palafitas e estão na água, outras se agrupam mais no interior da ilha. Afora algumas crianças que brincam na praia, não vejo ninguém. A viagem naquelas águas tranquilas é agradável e um descanso para a minha bunda castigada. Comparado com a cavalgada violenta inicial, deslizamos agora calmamente. Um verdadeiro prazer. Mas logo as águas voltam a se tornar mais profundas e as ondas voltam. Solavancos fortes estremecem novamente o barco e a água do mar espirra na nossa cara. Contraído, eu me seguro no banco de madeira para não ser levantado a toda hora, porque dói cada vez mais bater com o traseiro no banco de madeira.

Uma lancha surge à nossa frente e logo depois encosta ao nosso lado. O objetivo parece ser um encontro conosco, pois ruma diretamente em nossa direção. Oito homens de uniforme cor-de-oliva estão sentados na lancha movida por enormes motores. Alguns deles seguram metralhadoras. Máscaras ou cores de camuflagem cobrem seus rostos. Um deles está com óculos pretos de esqui. Congelo ao vê-los. É assim que imagino piratas. A lancha nos rodeia várias vezes. Somos perscrutados por olhares críticos. O nosso motor se apaga e nós deslizamos sem ruído, antes de sermos atingidos pelas ondas do barco. “Guarda costeira”, grita um dos caras do outro barco. “Entreguem seus passaportes e os documentos do barco”. Que alívio, pois aqui, na região de fronteira entre a Colômbia e o Panamá, pode-se contar com qualquer possibilidade. Uma grande parte da cocaína fabricada na Colômbia é distribuída graças à perfeita infraestrutura do Panamá. Grandes portos marítimos em dois oceanos diferentes, a ligação com a via Panamericana, numerosos aeroportos sem fiscalização, bem como o aeroporto internacional de Tocumen oferecem condições quase perfeitas para o comércio de drogas e de armamentos. Fico tranquilo quando eles encostam no nosso barco e eu reconheço pela inscrição em seus uniformes que efetivamente são "do bem". "Estou levando esses três turistas de Capurganá para Portobelo", responde nosso capitão ao ser indagado pelo motivo da viagem. "Alguma mercadoria a ser tributada a bordo?", pergunta o capitão do barco policial. "Não, só a bagagem dos três turistas – um ciclista alemão, uma francesa e um colombiano", é a resposta. O policial parece um pouco cético, mas em seguida assente com a cabeça e nos deixa prosseguir viagem, depois de conferir nossos documentos. Se soubessem o que há embaixo das nossas bagagens...

AH, COMO É BELO O PANAMÁ!

Cá estou, portanto, no país dos sonhos do autor infantil alemão Janosch. O tigre e o urso, personagens dos seus livros, procuraram o caminho para cá depois de encontrar uma caixa com cheiro de banana na qual havia uma etiqueta: "Panamá". Desde que escutei essa história pela primeira vez há cerca de três décadas, associo um aroma doce a este país. Inconscientemente, o meu nariz se preparou para isso. Mas o ar em Portobelo lembra mais o cheiro de madeira podre ou então a nuvem que nos recebe quando abrimos um saco com turfa seca. Na temporada das chuvas, a umidade do ar média se aproxima de 100%, favorecendo qualquer tipo de vegetação. Tudo aqui é verde. Samambaias, musgo, parasitas e arbustos tomam conta das casas. Nas pequenas fendas e nos buracos das fachadas, nos telhados e até mesmo nas fendas do asfalto surgem gramas, ramos e folhagens. O clima tropical úmido oferece à natureza força e fôlego para recuperar seu espaço vital.

Que sensação maravilhosa voltar a pisar em terra firme e estar no selim da bicicleta, apesar dos aclives íngremes e do calor abafado. Percorro uma estrada paradisíaca ao longo de uma costa do Caribe repleta de palmeiras. Em grande parte, o caminho acompanha diretamente a água. De vez em quando, passa por dentro da selva densa no interior do país. A vegetação é tão densa que os meus olhos precisam se acostumar à luz mais escura na floresta ao entrar. Na sombra de uma das gigantescas árvores eu faço uma pausa e penetro um pouco na mata. É um ambiente agradável e fresco. Poucos raios do sol atingem o solo. Borboletas coloridas voam em minha direção. Algumas têm o tamanho da palma de uma mão. Exceto o ruído dos insetos e do canto dos pássaros, o silêncio é absoluto. Eu consigo escutar meu coração pulsando depois do esforço.

Ao longo de uma pequena picada na mata há uma fila de formigas que se estende por várias dúzias de metros. São incontáveis formigas marchando e carregando pedaços imensos de folhas: a hora do rush das formigas. Observo toda esta agitação com admiração. Sua operosidade incessante me lembra um pouco o meu cotidiano profissional antes da viagem, quando eu também era uma pequena formiga estressada e guiada por controle remoto. Como é maravilhoso nós, seres humanos, podermos sair dessa rede de obrigações e tarefas e mudar a perspectiva, largar tudo e mergulhar por um determinado tempo em um outro mundo. Daqui a alguns meses voltarei às amarras do dia a dia. Tomara que não perca a capacidade de mudar de perspectiva e tomara que consiga conservar uma parte da tranquilidade alcançada durante a viagem.

Sigo a margem do canal do Panamá, que há um século divide o continente americano em duas partes e reduziu em 20.000 km a distância de uma viagem de navio de San Francisco até Nova York. Na primeira travessia, em 1914, o canal foi tido como a maior – e mais dispendiosa – obra de todos os tempos. De lá para cá, 14 mil navios em média trocam de oceano por ano. A diferença de 26 m numa travessia é solucionada graças a três eclusas. É uma das obras mais ousadas da humanidade. As dimensões da canaleta são impressionantes. No meio da selva, vejo gigantescos navios. Seus deques com as construções em cima deles ultrapassam as copas das árvores em volta. A visão desses gigantes naquele cenário de selva é bizarra. Parece que os navios não se movem dentro d'água e sim sobre a terra.

A construção do canal foi iniciada pela França e, depois, realizada pelos EUA. Para os Estados Unidos, essa ligação continua tendo uma importância estratégica enorme, uma vez que grande parte do transporte de mercadorias entre as costas leste e oeste dos EUA acontece via marítima. Por isso, os EUA ocuparam a área em torno do canal no início do século XX e proclamaram a República Independente do Panamá. Em um acordo entre países, os EUA garantiam a liberdade territorial do Panamá, mas mantiveram até 1999 o controle da zona do canal, o que equivale a cinco milhas ao lado de cada margem. Um ano antes da virada do milênio, devolveram o canal para o Panamá.

Paro mais uma vez na eclusa de Miraflores. Numa plataforma, entre numerosos turistas do mundo inteiro, observo, fascinado, como um cargueiro chinês de 200 m de comprimento é puxado para a estação elevatória por pequenas locomotivas cremalheiras. É preciso trabalhar com uma exatidão milimétrica para puxar aquele colosso incólume para a bacia que é apenas alguns centímetros mais larga. Dúzias de câmeras digitais clicam quando o portão da eclusa, que pesa várias toneladas, abre e libera o monstro flutuante do outro lado.

O trânsito cada vez mais pesado anuncia que estou me aproximando da Cidade do Panamá. Ônibus escolares americanos reciclados, pintados numa cor amarelo-cádmio me ultrapassam, envolvendo-me em nuvens de emissões negras. Se, há poucas horas, eu ainda estava no silêncio e no idílio aprazíveis da natureza, o trânsito da estrada de três pistas parece o caminho para o inferno. Felizmente existe acostamento. Aqui posso me sentir relativamente mais seguro, embora também ele esteja coalhado de pneus arrebentados, cacos de vidro e mercadorias perdidas dos caminhões. Aos poucos aparecem as fachadas de vidro do centro, lembrando um pouco os arranha-céus de Manhattan. Falta pouco para estar seguro, penso.

O trânsito começa a engasgar. À direita e à esquerda da estrada há barracos velhos e miseráveis. A área não parece ser muito segura. Muitas casas estão abandonadas, algumas ruínas cobertas por vegetação.

Janelas quebradas, grafite, lixo, cachorros vadios – um lugar triste. Fico tenso quando sou obrigado a parar num sinal vermelho. Escuto alguém gritando alto atrás de mim: "Ei, gringo, vem cá!" Estremeço. Um cara vem correndo na minha direção e manda que eu pare e espere. Ele grita: "Pare!" A adrenalina invade minhas veias quando vejo seus olhos me fixando e ele começando a correr de repente. Tomado por pânico, grito por socorro, mas o mar de ruídos do trânsito engole meu som. Subo na bicicleta e passo o sinal vermelho, entrando no cruzamento. Pelo retrovisor, vejo que mais dois se juntaram ao cara e também estão correndo atrás de mim. Boa coisa não pode ser! Em movimentos de slalom eu me embrenho por entre os veículos que andam em velocidade de tartaruga, volta e meia sou obrigado a descer. Com a bicicleta e a bagagem, estou evidentemente prejudicado. A distância dos meus perseguidores vai diminuindo. Por sorte, alcanço a calçada do outro lado antes dos caras e pulo no selim. Pedalo, movido pelo pânico, meu pulso está a mil. Nada da corrente arrebentar agora, caso contrário estarei liquidado. Olho para o velocímetro e vejo com alívio que minha velocidade se aproxima da marca dos 40 km/h. "Acabou para vocês, seus vagabundos", penso, aliviado, "felizmente vocês não conseguem correr com essa velocidade." Continuo por alguns minutos nessa velocidade, enquanto meus olhos buscam desesperados por algum lugar de refúgio. Depois de algumas centenas de metros avisto um posto de gasolina. Entro nele e falo com o rapaz: "*Ayuda, ayuda,* assalto!" Exausto, sento no meio-fio ao lado do prédio do posto, meus joelhos tremem como vara verde. Mal consigo acreditar que escapei por um triz de ser assaltado. No entanto, o Panamá é considerado um dos países mais prósperos e mais seguros da América Central. O que me espera nas próximas semanas?

Preciso de uma pausa para respirar. Os acontecimentos dos últimos dias superam minhas forças. Passo alguns dias num hostel no centro da Cidade de Panamá sem sair muito do quarto. Aquele susto calou fundo. Será que esta sensação ruim vai continuar me acompanhando? Tento me libertar da ideia de que cada pessoa na rua possa ser um bandido em potencial. Só consigo relaxar muito lentamente. Vou me informar junto à polícia sobre qual seria o caminho mais rápido e seguro para sair da cidade. Não quero mais ter que passar por aquele trecho da periferia pelo qual entrei.

Quando, alguns dias mais tarde, prossigo viagem, meus olhos escaneiam incessantemente tudo ao meu redor e eu só paro se não houver outro jeito. Observo os semáforos e rezo que não fiquem vermelho, forçando-me a parar. Meu olhar investiga as vielas para ver se descubro pessoas e a cada par de segundos olho pelo retrovisor. Quando a Puente de las Américas surge à minha frente começo a ficar aliviado. A Cidade do Panamá ficou para trás e do outro lado da ponte não há mais casas. A construção de aço passa por cima do Canal de Panamá. Daqui a pouco estarei do outro lado do continente americano. Paro no meio da ponte e olho para todos os navios gigantescos carregados de contêineres abaixo de mim. Vistos assim à distância parecem brinquedos. Só sua morosidade revela que, na verdade, são colossos gigantes.

Ao longo da principal rota de trânsito, a paisagem do Panamá é bastante monótona e tediosa. Não há muito o que ver fora plantações de coco, banana e caju.

A vegetação originalmente tropical em muitos trechos deu lugar a uma paisagem erma. Muito raramente passo por oásis naturais, últimos refúgios de animais selvagens como tartarugas gigantes, crocodilos e lagartixas gigantes. Pelo jeito, a queimada ainda é um método agrícola usual, pois em muitos lugares a fumaça rouba o ar para respirar e envolve a paisagem num cinza triste. Somente 30% da superfície do país é protegida em forma de parques nacionais, áreas de proteção florestal e reservas.

De repente, vejo dois policiais de motocicleta na beira da estrada na minha frente. Entediados, observam o trânsito na via de duas pistas. Um dos dois me avista e cutuca o colega. Noto que viro objeto de sua conversa. "Pare, controle policial", diz um deles num tom áspero, quando me aproximo. O que pretendem? Trabalham em favor da justiça ou estariam vendo em mim uma oportunidade de engordar seu parco salário? A América Latina é conhecida pela corrupção. Propinas fazem parte do dia a dia. Europeus como eu sabidamente são uma boa fonte. Além disso, ouvi falar que existem bandidos uniformizados como policiais. "De onde vem?", perguntam, olhando para mim, fixamente. "Alemanha", respondo. "Então, vamos verificar seus documentos". Eles se põem a folhear detalhadamente o meu passaporte e parecem impressionados com os numerosos carimbos dos países sul-americanos. "Você está levando um certificado de propriedade da bicicleta?", querem saber, ao me devolver o passaporte. Num fórum da internet para ciclistas eu li que tal documento costuma ser solicitado aqui e ali por policiais. Para evitar problemas, eu imprimi tal documento antes da viagem. Obviamente, está em alemão. Dois carimbos vermelhos e uma assinatura legível tornam o papel oficial e importante. O aspecto é ótimo. "Sim, senhor", respondo, estendendo-lhes o documento. Como não entendem alemão, apenas lançam um olhar rápido. "Precisamos ainda investigar a sua bagagem. Você tem conhecimento que no Panamá os ciclistas são obrigados a levar determinados objetos, não?", diz um dos dois com expressão séria. O quê? Não tenho a menor ideia do que eles pretendem. Nunca ouvi falar disso. Estranho – o cara que fez a pergunta continua me fixando com olhar sério e impenetrável. Mas pelo rosto do colega noto que ele está reprimindo o riso. "Então, vejamos...", diz um deles, quando se entreolham novamente, como se tivessem combinado alguma coisa. "Onde está o protetor solar? Quantos livros de água potável você está levando?" Fico irritado. Não contei com esse tipo de perguntas. Eles querem apenas me encher o saco? Meu cérebro está derretendo no sol e não consegue dar conta da situação. O que querem de mim?

O colega aponta uma pistola de radar na minha direção e diz: "Você ultrapassou a velocidade permitida. Precisamos te multar!" O malicioso sorriso reprimido se transforma em uma gargalhada. Aliviado, percebo agora que estão brincando comigo e que eu estou interrompendo o dia a dia enfadonho deles. Conversamos um pouco sobre a minha viagem e o tema preferido de todos os latinos, o futebol. Claro que conhecem o VfB Stuttgart e o FC Bayern. Lamento saber tão pouco de futebol, caso contrário poderia contribuir um pouco mais para a conversa. Se eu tivesse estudado menos espanhol e investido mais tempo no meu conhecimento futebolístico, a comunicação na América Latina inteira teria sido bem mais fácil.

Tenho muito menos resistência ao clima tropical do que imaginei inicialmente. Os 40°C, em combinação com a altíssima umidade do ar, deixam minhas pernas paralisadas depois de poucas horas. As coxas e as batatas das penas parecem um pudim mole. O calor me rouba toda a energia. Na planície ainda é mais suportável, porque posso avançar a uma média de 20 km/h e o vento do deslocamento me resfria. Mas no momento em que preciso subir qualquer ladeira e a velocidade retrocede, sou quase assassinado pelos raios inclementes do sol do meio-dia. Meu corpo está encharcado, os olhos ardem com o suor, da ponta do meu nariz pinga uma mistura de protetor solar, suor e poeira. Logo no início da tarde procuro um pouso. Não quero mais prosseguir. Nessas condições, preciso aprender a me satisfazer com etapas diárias mais curtas. Decididamente, esta zona climática não é para ciclistas!

Em La Concepción, poucos quilômetros antes da fronteira com a Costa Rica, procuro um alojamento. Mal posso esperar poder tomar uma chuveirada, única salvação para minha cabeça em chamas. Já imagino a sensação da água escorrendo pela minha pele, injetando um novo fluxo de energia no meu corpo. Cedo demais! O fornecimento de água da aldeia toda foi temporariamente interrompido. Algumas poucas gotas saem do cano que fazem às vezes de chuveiro.

Decepcionado, eu me visto e vou até o centro da aldeia. Quem sabe, eu posso usar o tempo para lavar roupa. Mas esse plano também fracassa. Os empregados da única lavanderia estão sentados, entediados – sem água, não há o que fazer. O problema parece ser recorrente, pois eles dão a impressão de que estão acostumados. Na esperança de que o fornecimento d'água volte logo, sento na sala de espera e converso com um dos funcionários. Ele conta que sofreu um acidente há dois anos. Ao cair do telhado de uma casa durante o trabalho, quebrou a mão e o cotovelo. Desde então, o seu braço direito não se movimenta mais. Não tinha dinheiro para uma operação num hospital moderno, caso contrário provavelmente não teria esse problema hoje. Com o acidente, não apenas perdeu parte da saúde como também seu emprego na área da construção civil. Para ganhar algum dinheiro, ajuda na lavanderia. Tento imaginar como teria sido na Alemanha. O seguro contra acidentes teria assumido os custos da operação. Depois disso, ele teria feito uma temporada de fisioterapia. E se, mesmo depois de tudo isso, não estivesse totalmente saudável e apto a trabalhar, a segurança social cuidaria dele. Em vez disso, ele literalmente saiu do sistema e agora depende unicamente de si mesmo.

A água só volta na manhã do dia seguinte. Pelo menos ainda a tempo de um bom chuveiro de manhã, antes de eu partir rumo à Costa Rica. Vários quilômetros antes da fronteira já começa a fila dos veículos. Os motoristas nativos parecem resignados. Ficam sentados na rua ao lado de seus caminhões, conversando ou deitados em redes penduradas entre os veículos.

O caminhoneiro latino típico tem por volta de cinquenta anos, é baixo e corpulento, barbudo e prefere ficar sem camisa ao lado de seu veículo colorido, decorado e polido. Seu caminhão é o seu companheiro. Ele tem orgulho dele e o venera como se fosse uma rainha ou a sua mãe. No para-brisas geralmente há uma imagem da Virgem e sobre a placa uma inscrição: *Eu te amo*. A cabine está cheia de fotografias da mulher e dos filhos. Sempre que passo por eles, acenam e saúdam, gentis, oferecendo café, chá, biscoitos ou cigarros e ficam felizes com a minha companhia. É quase como se já me tivessem integrado em seu grupo, como se eu fosse seu aliado na luta contra a estrada infindável e impiedosa. É duro o trabalho ao volante. Muitos dos motoristas passam semanas a fio na estrada e só veem a mulher e os filhos durante poucos dias por mês. Tanto mais importante é, para eles, a companhia de seus colegas e companheiros de viagem, substituindo a família distante. É muito interessante conversar com os pilotos desses monstros que me ultrapassam diariamente, envolvendo-me com poeira e emissões de gases poluentes, obrigando-me a descer da bicicleta e que, algumas vezes, quase me atropelaram. Embora a grande maioria dos caminhoneiros seja atenciosa e solícita, uma ou outra experiência negativa com seus colossos motorizados sujou a imagem deles para mim.

SERVIÇO DE SEXO TELEFÔNICO PARA SAPOS NA COSTA RICA

Na Costa Rica, volto a percorrer com mais frequência paisagens naturais. É bem mais agradável pedalar à sombra da densa vegetação da floresta tropical. Comparado com o Panamá, há bem menos trânsito. Lentamente o meu corpo também se habitua à umidade do ar. À beira da estrada vejo uma placa com a inscrição: "Estação tropical. Direção científica: Universidade de Viena". Sem pensar muito, dobro na longa rua coberta de cascalho. A esperança de poder comer uma boa sobremesa austríaca e de poder voltar a falar um pouco de alemão me dá uma nova energia.

Há muitos anos, o músico vienense Michael Schnitzler arrecadou doações para comprar uma imensa área florestal perto da costa do Pacífico, salvando-a da destruição e da exploração comercial. O projeto se chama Bosque de los Austríacos. Com mais de 30 mil espécies de plantas vasculares, o bosque é uma das zonas mais ricas em vegetação do mundo e um local que atrai pesquisadores de várias áreas do mundo inteiro. No total, são oito os estudantes de biologia alemães que eu encontro na estação. A maioria deles veio para escrever sua tese de mestrado. Parecem bastante ambiciosos e motivados. Entusiasmados, falam da estação e dos resultados das pesquisas dos cientistas. Para mim, é a oportunidade perfeita de ganhar um tour guiado por especialistas, ainda por cima na minha língua materna!

Os temas da pesquisa parecem muito interessantes, embora às vezes sejam um pouco bizarros. Num dos projetos, por exemplo, um pesquisador gravou os sons que sapos emitem para atrair as fêmeas. Ele processou as gravações no computador. Agora, passa dias sentado com seu iPod e alto-falantes na mata para tocar os sons modificados para os animais e observar seu comportamento. É como se fosse um serviço de sexo telefônico de graça para sapos.

Ao escurecer, os estudantes me levam para uma incursão ao mato. O breu é total. A luz das nossas lanternas se perde no nada depois de alguns metros. O calor ainda é insuportável, a umidade alta. O termômetro mostra 36°C. A trilha musical é impressionante. O canto dos grilos é tão alto que quase dói. Como é que esses bichinhos aguentam o próprio barulho? “Daqui a pouco você verá uns jacarés”, diz Florian, um estudante de Bremen, apontando o foco de sua lanterna para a superfície d’água. Algo parece se mexer na água turva, lentamente uma sombra escura se move na luz difusa. Quando a mancha escura emerge, vejo a silhueta de uma tartaruga aquática gigante. Ela ruma diretamente na nossa direção. Antes de tocar a margem, tira a cabeça da água e olha na nossa direção. Outras tartarugas aparecem. Então, a cabeça de um jacaré sai da água. O aspecto de seus dentes afiados na bocarra aberta me faz estremecer. Florian ilumina outros trechos da superfície da água. Os olhos dos jacarés brilham. O laguinho parece estar cheio daqueles répteis.

Caminhamos pelo bosque escuro durante umas boas duas horas, encontrando jiboias, lagartos e vários insetos exóticos. Alguns deles têm dimensões que metem medo. Passamos por um buraco na terra repleto de baratas negras. Num outro se esconde todo um exército de pequenos siris. A diversidade de animais e plantas é fantástica. Atrás de cada folha, embaixo de cada pedra e dentro de cada arbusto há algo para se descobrir. Embora os estudantes da estação científica não me sirvam um bom doce austríaco, como eu esperara inicialmente, eles me convidam a ir ao seu bar. Fazem sua própria cerveja. E os ingredientes vêm diretamente do bosque ao lado. Muito legal esse curso de biologia!

Depois de dois dias de descanso em La Gamba continuo minha viagem ao longo de uma linda costa em direção oeste. Volta e meia eu paro e descanso nas praias desertas. Um dos aclives mais difíceis da América Central está por ser vencido. Planejo pedalar até o cume do vulcão Irazú, de 3.432 m de altitude. De lá, com bom tempo, pode-se ver o Caribe e o Pacífico. Antes de chegar ao cume, é preciso subir até um passo de 3.000 m, depois descer para uma altitude de 1.400 m e voltar a subir para 2.000 m. Dá mais de 5.000 m de diferença de altitude num trecho de apenas 150 km.

A primeira subida é muito íngreme. Volta e meia caio para o lado e tenho dificuldade de voltar a dar partida. O sofrimento de subir num passo de tartaruga dura várias horas. Só muito aos poucos vejo que me afasto do mar lá em baixo. Não consigo passar mais de meia hora na bicicleta sem saltar e alongar as pernas.

A estrada se torna cada vez mais íngreme. Meu corpo balança para lá e para cá. Cada pedalada vira uma batalha. Meus braços seguram firme o volante, todos os músculos do meu corpo estão em ação, o suor escorre em riachos. De repente, sinto como o selim tivesse cedido e a distância até o volante aumenta. Fiquei louco ou minha bicicleta estará ganhando vida própria? Ignoro a sensação e continuo pedalando até um ruído metálico perpassar o meu corpo e o meu selim escorregar para trás. Preocupado, olho para baixo e vejo como o cano que segura o selim está para trás. No cano de alumínio há uma brecha de um centímetro. Xingo a péssima qualidade dos componentes de bicicleta, mas não tenho outra opção senão terminar de quebrar a parte de baixo do canote, tentando recolocá-lo 10 cm abaixo no quadro da bicicleta. Sentado como um macaco, continuo lutando contra o aclive, sempre parando para empurrar a bicicleta. Quando cai a noite, vem o frio. Mesmo nos trópicos, a 3.000 m de altitude os ventos são gelados. Coloco minha barraca ao lado da estrada e entro no meu saco de dormir sem jantar. Exausto, suado, tiritando de frio e com a barriga roncando, em poucos minutos caio num sono profundo.

Às cinco da madrugada do dia seguinte, meu despertador me acorda. Deixo meu equipamento na barraca e pedalo os 400 m restantes até a beira da cratera. A escuridão ainda é total, ao pé da montanha vejo as poucas luzes da iluminação da estrada. Sem os alforjes pesados, é como se estivesse voando, mesmo com o selim rebaixado. Ainda antes de alcançar o cume, o sol surge no horizonte, sinto os primeiros raios aquecendo o meu rosto. Aqui, do Irazú, é possível ver os dois oceanos, mas há uma camada de nuvens abaixo de mim. Só num único trecho essa camada branca é interrompida pelo cume do vulcão Turrialba. Não sopra nem uma brisa, o ar é limpíssimo e a visão, clara. Entusiasmado, pedalo as últimas serpentinas até a beira da cratera e, lá em cima, olho para um lago turquesa. O ambiente na montanha cercada de nuvens tem algo de meditativo. Sentado em uma pedra, paro e me deleito com o silêncio. O cenário dessa paisagem vulcânica é ímpar. Por um momento, eu me sinto como se estivesse em outro mundo, esquecendo as dificuldades da subida, cãibras na batata da perna, dores de coluna, frio, fome, cansaço. Sou invadido por uma sensação de leveza e sinto pura felicidade pulsando em minhas veias. Por um momento, o futuro e o passado estão desligados. Na minha consciência, só existe o momento presente.

A descida para Cartago demora mais de duas horas. Lá, consigo montar um novo canote e me recupero da violenta etapa das montanhas. Passo rapidamente por San José. A capital da Costa Rica não é muito interessante, e alguns de seus bairros são perigosos. Num rápido passeio pelo centro sou abordado por vários traficantes. "Consigo qualquer coisa que você quiser", diz um deles, sem meias palavras, no meio da rua.

A topografia costarriquenha não favorece quem quer pedalar. Permanentemente é preciso subir e descer. Embora os aclives não sejam muito longos, são tão íngremes que, em parte, só consigo subir na marcha mais baixa e à custa de muito esforço. O pulso está quase arrebentando, suo por todos os poros. Em compensação, a paisagem é fantástica. Pequenas lavouras de tabaco se alternam com a selva tropical, entrecortadas sempre por montanhas. Na densa selva à minha frente lentamente desponta o vulcão Arenal, um dos mais ativos da nossa Terra. Permanentemente, flui um rio de lava que sai da cratera no cume e desce a ladeira. Mas nesse momento ele resolveu parar. Só algumas fumarolas saem da cratera. De resto, o gigante parece estar dormindo em paz.

Certa tarde, resolvo parar num café com a inscrição *German Bakery*, à margem da represa Arenal. O sol arde tão impiedoso que eu tenho a impressão de que alguém me deu uma martelada no crânio. Sento no terraço coberto e me deleito com a vista aprazível do lago. A leitura do cardápio faz meu coração disparar. Além de tortas e *Apfelstrudel* feitos em casa, oferecem chucrute e salsicha, bem como especialidades da Suábia, como *Spaetzle* de queijo e *Maultaschen*. Sou incapaz de decidir diante dessa oferta. Por semanas me alimentei só de arroz, frango, feijão e banana assada. Finalmente, meu paladar ganha uma recompensa.

Na mesa ao lado está um casal mais velho. Eles me observaram quando entrei e deixei a bicicleta na entrada e me olham, curiosos. "Para onde você está indo?", pergunta o senhor. "Para o Canadá", respondo, ainda sem fôlego. "Ah, é? Somos do Canadá, de Calgary", responde a mulher, acrescentando. "Se conseguir ir até o Canadá, não deixe de atravessar o parque nacional Glacier, um dos mais lindos das Montanhas Rochosas. Ambos falam entusiasmados dos alces, ursos e das montanhas cobertas de neve. Nesse momento, eu daria tudo para trocar o ar fresco das Montanhas Rochosas contra esse calor úmido. Fico fascinado com os relatos do casal e, ainda durante a conversa, resolvo eleger o Glacier National Park, respectivamente Calgary, como etapa final da minha viagem.

Um senhor ao nosso lado interrompe nossa conversa e me aborda no meu dialeto nativo: "Oi, eu sou o Tom. Você também é alemão. De onde é você? De Stuttgart?" Nem acredito. Não contei com isso, escutar esse dialeto aqui. "Sou de Kernen, a leste de Stuttgart", respondo, "Ah, conheço bem, minha ex-namorada é de Korb, que fica a menos de 5 km", diz ele, tragando o seu cigarro. "Esse botequim aqui é meu. Sou de Kempten, na região do Allgäu, e vim para a Costa Rica há quinze anos porque lá em casa tinha muita neve", diz, soprando a fumaça do cigarro no ar. Seu penteado e sua roupa revelam traços da geração de 1968. Ele me oferece pão preto e diz: "Bom apetite!"

Tom é uma das muitas pessoas que deram as costas para a sua pátria e agora vivem no sol da América Central. Nos dias seguintes encontro outros imigrantes, entre eles um casal canadense e outro casal americano. Os motivos para escolher a "Suíça da América Central" – como a

Costa Rica costuma ser chamada devido à sua topografia acidentada e sua neutralidade política – são variados: um clima ameno durante o ano inteiro, paisagens de sonho, praias intocadas, uma fauna e flora únicas, pessoas simpáticas e, o que não é de se desprezar, vantagens fiscais. Não é difícil conseguir o visto de permanência. Basta provar uma renda mensal ou uma pensão mensal de 600 dólares. Além disso, com uma taxa de criminalidade relativamente baixa, a Costa Rica é considerada um dos países mais seguros da América Central. Um fator que certamente foi bastante significativo para isso foi a decisão do presidente José Figueres Ferrer, em 1949, de dissolver o exército através de um ato constitucional e de investir as verbas nos setores da saúde e da educação. É de se lamentar que outros países não tenham seguido essa ideia. Certamente o mundo de hoje seria bem diferente.

NA NICARÁGUA: ABATIMENTO

"A fronteira entre a Costa Rica e a Nicarágua está temporariamente fechada", informa um funcionário da aduana. "Espere aqui". E simplesmente dá de ombros quando eu pergunto "Por quê?" e "Até quando?". A relação entre os dois países sempre foi tensa. Um dos vários pomos da discórdia é o rio limítrofe San Juan. O conflito em torno do uso deste rio já vem se arrastando há 200 anos. Neste momento, os planos da Nicarágua de construir um canal para navegação do Caribe até o Pacífico pesam nas relações diplomáticas. O plano original previa o uso do próprio rio, mas o conflito com a Costa Rica fez com que o canal agora passe mais no interior da Nicarágua. A obra exige altos investimentos, uma vez que o canal do Panamá rende bilhões por ano. Os dois governos não deixam passar uma única oportunidade de chicanas mútuas, e esse fechamento arbitrário da fronteira parece ser um dos instrumentos.

Já estou preocupado com as semanas que tenho pela frente, pois ainda precisarei cruzar outras cinco fronteiras antes de chegar aos Estados Unidos. São grandes as chances de problemas, seja por causa de funcionários corruptos ou de eventos imprevistos, como este fechamento temporário.

Depois de duas semanas no Panamá e na Costa Rica, dois países desenvolvidos para padrões centro-americanos, volto a olhar para o rosto da miséria logo depois da fronteira para a Nicarágua. Os sinais da pobreza são evidentes: meninos de rua, lixo espalhado por toda parte, roupas velhas e sujas e casas simples. Na área rural, as casas geralmente são primitivas, feitas de galhos e varas de bambu. Fendas nas paredes – parcialmente cobertas por panos para garantir a privacidade – permitem lançar um olhar para o interior. Folhas de palmeira protegem do sol e da chuva. As pessoas dividem o mesmo espaço com animais. No quintal, geralmente há criações de porcos e cabras, além de galinhas soltas.

As pessoas cozinham em fogueiras improvisadas na frente dos casebres. Por causa do ar quente, a fumaça não sobe e fica presa em nuvens densas no mato entre as casas. Mas não é um cheiro romântico de fogueira no mato. O que penetra nas narinas é o fedor ardente de plástico derretido e borracha queimada, pois pelo jeito o lixo é misturado à lenha. Há um número expressivo de crianças que correm descalças pela lama avermelhada, brincando com cachorros, cabras ou galinhas.

A guerra civil nos anos 1980, uma política econômica equivocada durante muitos anos, catástrofes naturais e preços oscilantes das matérias-primas no mercado mundial resultaram em índices econômicos inferiores aos de 1979. Um terço do orçamento vem de doadores estrangeiros. Segundo o IDH (Índice de Desenvolvimento Humano) das Nações Unidas, um em cada dois nicaraguenses vive na pobreza e sobrevive com até dois dólares por dia. Como ainda é possível acreditar em algum futuro nessas condições? Como é possível sentir alegria ou felicidade? Parece-me inimaginável que alguém consiga tirar qualquer coisa de positivo nessa situação. E, apesar disso, encontro pessoas com alegria de viver, humor e confiança. Pessoas que, apesar dos rostos marcados por esforços e problemas, parecem tranquilas e contentes. É invejável! Pessoas cujo sorriso é cativante, pois é honesto e vem do fundo do coração. De onde vem essa força interior? Revela que a satisfação se baseia só em parte no bem-estar material. O resto é questão de atitude interior e como se lida com circunstâncias imutáveis.

Depois de percorrer a Nicarágua rural com seus tons uniformemente pálidos de marrom, cinza e verde, mergulho em um verdadeiro mar de cores em Msaya, a "cidade das flores". Parapeitos verdes dançam diante de fachadas que brilham num amarelo berrante, janelas azuis e portas cor-de-rosa. Sinto que essas cores relaxam um pouco a minha tensão interior. A cidade é famosa pelo artesanato indígena e tem dois mercados onde se vendem os produtos artesanais da região – redes tecidas, madeira entalhada e têxteis.

Paro numa pequena casa turquesa de um andar. Uma placa pintada à mão com a inscrição "*Hospedaje*" revela que se trata de um alojamento. Há dois quartos para alugar. O corredor e o banheiro são divididos com as pessoas da própria casa. Para ir ao banheiro é preciso passar pela cozinha. O espaço é apertado. Além disso, moram ainda ali um cachorro e um coelho.

Um dia depois de ir ao mercado, arrumo minha bicicleta para seguir viagem quando topo com dois homens no corredor. Não têm cara de bons amigos. O mais baixo é largo e forte, os músculos de seus braços tatuados aparecem por baixo de uma camiseta branca colada ao corpo e o pescoço está cheio de correntes de ouro. "*Buenos dias*", cumprimento, educado, mas eles passam por mim sem dizer nada. Tanto faz, penso, quem sabe sejam surdos ou tenham dormido mal, não querem conversa. Mas eu não acredito quando o cara musculoso grita para mim: "*What the fuck!*" Será que entendi direito? A dona do albergue acompanhou tudo e aparece de repente. "Saia imediatamente ou então eu chamo a polícia", grita. "*Fuck you, pussy*", devolve ele e desaparece com seu companheiro na porta ao lado do meu quarto. "Ele está morando na minha casa desde a semana passada e não pagou nenhum centavo ainda", gagueja, em pânico. Ela conta que foi ameaçada por ele quando cobrou o pagamento. Como soube de um vizinho que, na véspera, o homem se envolveu em uma briga com facas, teme ser agredida. Finalmente ela pega o telefone e chama a polícia. Agora, é a minha vez de ficar com o joelho bambo. Pego minhas coisas rapidamente, pois o mar não está para peixe. A julgar pelo comportamento do homem, ele é capaz de qualquer coisa. Quem sabe o que já fez? Estou saindo da casa com a minha bicicleta quando chegam dois policiais. Pernas para que te quero! Não quero estar lá se os dois caras se envolverem em alguma confusão. E me sinto aliviado quando dobro para a rua principal e saio da cidadezinha.

A Nicarágua não é moleza. Cada vez mais, minha viagem se transforma em uma luta que, aos poucos, chega perto do limite das minhas forças. Os perigos estão à minha espreita por toda parte – nas ruas, nas cidades, mesmo nos albergues. Estou muito tenso e pequenas coisas já me fazem explodir. Os objetos jogados nas ruas exigem atenção total. Uma olhada para o lado pode custar caro. Meu pneu dianteiro é cortado duas vezes em um espaço de poucos dias por pedaços de lata. Depois de um ruído escandaloso do pneu se esvaziando, a bicicleta começa a pular como um touro de rodeio, como se quisesse me jogar no chão junto com as bagagens. Faço de tudo para não cair ou para não ser jogado para a pista cheia de carros. Num encontro involuntário com um buraco, a garupa se quebra. Graças a um pedaço de arame e algumas braçadeiras eu consigo chegar até a próxima cidade e mandar soldar o calço. Só quem ganha nessa situação é o mecânico que solda a peça. Ele parece estar consciente de seu papel, pois pede uma soma horrenda pelo conserto que dura menos de dez minutos.

Da mesma forma, sou ludibriado na hora de fazer compras – seja pagando mais, seja não recebendo o troco cheio. Por toda parte, pegadinhas e armadilhas. Certa vez, me dão dinheiro falsificado. Só percebo quando um dono de quiosque não aceita as moedas, um pouco mais escuras do que as outras e com relevo menos acentuado. Por medo de ser enganado e de mais falcatruas, fico cada vez mais desconfiado. É uma pena, pois acabo me comportando de um jeito antipático mesmo quando não haveria motivos para tal.

Somam-se a todas essas chicanas os problemas digestivos por causa da falsa higiene. Apesar de todas as medidas de precaução, essa praga me persegue como uma sombra constante. Sou atacado por súbitas dores fortes de estômago e intestino. Por sorte, a maioria das estradas é margeada por árvores e arbusto onde eu posso me esconder. Parece até que um poder invisível está lutando contra mim, tentando por todos os meios dificultar a minha vida.

Quero ir logo embora da Nicarágua e pedalo com todas as forças para sair desse caos. Meus sentidos estão sobrecarregados por tantos estímulos desagradáveis. Onde quer que esteja, sinto o fedor podre de esgoto, vejo cães aleijados fuçando no lixo e escuto os garotos de rua mendigando. A miséria está por toda parte, em cada detalhe, não importa para onde esteja olhando. As condições do país vizinho, Honduras, certamente não serão muito diferentes. Mesmo assim, anseio pela fronteira para acabar logo com esse capítulo triste.

Conforme o esperado, não me sinto muito melhor em Honduras, sobretudo depois de receber um e-mail de um amigo chamando a atenção para o alto índice de criminalidade do país. A taxa de assassinatos deste país é uma das mais elevadas do mundo. Em 2010, foram 72 assassinatos em cada grupo de 100 mil habitantes, contra apenas três na Alemanha no mesmo período. Uma grande parte desses crimes é cometida por gangues de criminosos jovens, os *maras*. Esses grupos mafiosos se formaram depois das guerras civis dos anos 1980. Foi quando muita gente da América Central se refugiou nos Estados Unidos, ficando exposta à discriminação, à pobreza e a parcas chances de futuro em cidades grandes como Los Angeles. Para se proteger das gangues locais, os filhos dos refugiados se juntaram em outras gangues. No início, esses grupos serviam para se proteger e se defender, mas a vivência das ruas embruteceu cada vez mais os jovens, fazendo da violência o instrumento predileto de sua ação. No rastro da estratégia de tolerância zero dos EUA, os refugiados que cometeram crimes foram mandados de volta para os seus países de origem, onde prosseguiram suas atividades criminosas. Os membros dos bandos vivem principalmente em Honduras, El Salvador e Guatemala, mas sua atividade se estende também para os EUA. Seus crimes compreendem comércio de armas, drogas e pessoas, além de prostituição, roubo de automóveis e furtos.

Preciso de umas boas dez horas para a viagem de 140 km cruzando Honduras, da fronteira da Nicarágua a leste até a fronteira de El Salvador a oeste. Sinto-me andando em brasa ardente quando sou obrigado a parar mais do que certo tempo em algum lugar. Por isso, paro apenas para resolver o estritamente necessário – fazer compras ou trocar um pneu. Logo depois, sigo apressadamente para não gastar mais tempo do que necessário. No entanto, o país oferece tantas atrações – ilhas e praias caribenhas paradisíacas, enormes arrecifes e áreas imensas de selva tropical intocada em que ainda vivem jaguares e pumas. Mas o índice assustadoramente elevado de crimes está por demais marcado em mim e eu não consigo me deleitar com nada disso. É muito difícil para mim libertar-me de todo esse constrangimento e conversar com as pessoas abertamente, embora durante todo o meu tempo em Honduras não tenha tido nenhuma experiência negativa. Olhando para trás, lamento não ter tido mais contatos com as pessoas locais para aprender um pouco mais da cultura do país.

ÂNIMO RENOVADO EM EL SALVADOR

Sob o ponto de vista da situação crítica de segurança, também considero o país vizinho El Salvador um país de trânsito. Pouco depois de o funcionário barbudo da aduana colocar um carimbo no meu passaporte, já volto a rodar no asfalto quente. Não quero assumir riscos desnecessários. Quero atravessar esse país o mais rápido possível, sem desvios desnecessários. Planejo uma pausa na casa de uma conhecida na capital San Salvador. Assim como em Honduras, há uma grande disposição para o exercício da violência em El Salvador. Além disso, há um grande número de armas de fogo em circulação. Muitas são do tempo da guerra civil, quando a guerrilha travou uma luta sangrenta com o regime militar apoiado pelos EUA. Mais de 70 mil pessoas morreram entre 1980 e 1991, a maioria civis. As lutas proliferaram num ambiente de distribuição extremamente desigual dos recursos entre a população. Nada disso mudou até hoje. Um em três salvadorenhos vive abaixo da linha da pobreza.

Poucos quilômetros depois da fronteira, de repente uma caminhonete me ultrapassa e para na minha frente no acostamento. Levo um susto mortal quando o motorista salta e me manda parar atrás dele. Rapidamente penso em escapar, mas logo me dou conta de que não tenho chances como ciclista. A adrenalina invade minhas veias, meu pulso está em 180 bpm. O que vai acontecer agora? Já me vejo olhando para o cano de uma pistola e as minhas bagagens indo embora na caçamba da picape. Mas meu lado bom vê um cara simpático de seus trinta e poucos anos, que me estende a mão. "*Hola*, como vai? De onde vem e para onde vai?" Ainda sob o impacto da situação, falo sobre minha viagem, gaguejando. Mas só consigo pronunciar alguns fragmentos confusos de palavra. "Já acolhi alguns ciclistas na minha casa. Se quiser, pode ficar alguns dias aqui. Pode subir na caçamba, porque a ladeira que vem aí não é mole", diz ele, apontando para a picape. Estou desconfiado. Será mesmo um convite ou ele apenas quer me levar para algum lugar deserto onde possa me roubar sem ser visto? "Obrigado, estou bem e prefiro continuar pedalando mais um pouco." Ele me olha, incrédulo, e comenta: "Faz poucas semanas acolhi um ciclista argentino. Ele começou sua viagem em Anchorage, no Alasca, e quer pedalar até Ushuaia, na Argentina."

"Jura? Um argentino?", pergunto, admirado. "Lembra o nome dele?"

"Sim, Axel. Ele tinha uns 35 anos e cabelos curtinhos e bigode".

"Jura? Inacreditável! Conheci-o em Quito, no Equador, e morei na casa da sua namorada por uma semana", replico. "Ele me falou de um amigo em El Salvador chamado José. Seria você?" Enquanto ainda estou falando, já tenho certeza de que é ele, pois ele fica tão surpreso que os olhos quase pulam de suas órbitas. Por um momento, ficamos mudos e nos entreolhamos, sorrindo. Qual é a probabilidade de eu encontrar logo a única pessoa de quem alguém me falou entre os sete milhões de habitantes de El Salvador?

Colocamos minha bicicleta na caçamba do seu carro e eu entro. José mora com a mulher e os dois filhos em Conchagua, uma pequena localidade próximo da costa do Pacífico no sudeste do país. Tem um pequeno quiosque e vai diariamente até a feira em San Miguel para comprar frutas e verduras. Conforme conta, já encontrou muitos ciclistas naquele trajeto e convidou todos eles para sua casa. Me estende um pequeno álbum fotográfico com ciclistas. Ele costuma levar o álbum na caminhonete para ganhar a confiança das pessoas. Vejo as fotos e identifico, entre outros, Yolande, uma ciclista australiana que eu conheci alguns meses antes em um hostel em Cuzco.

Por um triz José teria se tornado um membro dos *maras*, se seus pais não tivessem se refugiado no Canadá. Ele nasceu em 1971, em El Salvador, e os guerrilheiros quiseram recrutá-lo como soldado infantil aos 13 anos. Quem sabe o que teria acontecido com ele e na guerra, se tivesse ficado no país. Durante vinte anos, morou com sua família em Montreal, a cidade que provavelmente salvou a sua vida. Trabalhou como faxineiro de escritórios, limpando hectares inteiros de vidraças. O trabalho era duro. Chegava a trabalhar 12 a 14 horas por dia, mas o salário compensava. Em termos salvadorenhos, era ótimo, equivalente ao salário de um político ou um empresário em seu país. Durante os vinte anos que passou no Canadá, poupou o suficiente para comprar uma casa com terreno e um prédio para um supermercado. Embora no Canadá seu padrão de vida fosse bem mais elevado do que em sua pátria El Salvador, nunca imaginou ficar morando ali para sempre. Está por demais enraizado na cultura do seu país, como diz. O modo de viver, a mentalidade, o clima são muito diferentes nos dois países. Ele se sentia pertencente à parte latino-americana do continente, embora se sentisse bem em Montreal, tendo feito muitas amizades e cultivando o contato com seus amigos canadenses até hoje, mesmo depois de tantos anos.

Quando, no dia seguinte, passamos pelas estradas esburacadas em sua caminhonete até seu supermercado, eu entendo o que ele quis dizer sobre o sentimento de pertencimento a seu país e seu povo. Ruas calçadas com paralelepípedos nos levam até pequenas aldeotas, onde há mais galinhas do que carros nas ruas. Andamos numa velocidade de tartaruga. Ele não parece sentir falta de tempo. Fica com o braço para fora da janela do carro vai batucando contra a lataria no ritmo da música. Paramos em alguns sítios para comprar frutas, verduras e cereais para vender na sua loja. Ele parece conhecer todo mundo, sem exceção. Não há quem não o cumprimente de longe. Claro que cada vez paramos para um animado bate-papo latino-americano. Alguns dos amigos e parentes de José nos convidam para entrar em suas casas, sempre oferecendo uma ou duas doses de aguardente antes de seguirmos caminho. É exatamente dessa convivência e dessa sensação de pertencimento que ele sentia tanta falta no Canadá. "Os canadenses são abertos e gentis, mas mesmo depois de vinte anos nunca me senti realmente em casa em Montreal", conta, enquanto fazemos um pequeno lanche à beira da estrada. "Não foi fácil, mas depois de duas décadas acabei trocando a segurança material e as tantas coisas agradáveis dessa segunda pátria pela minha própria cultura. Hoje, fico muito contente com isso, mesmo sentindo falta de muita coisa da minha vida canadense."

Os negócios de José vão muito bem. Sua clientela abrange todas as localidades das redondezas. Ele me conta que ganha muito mais do que o lucro inicialmente projetado – e isso pagando salários acima da média aos seus empregados e concedendo-lhes ainda 15 dias de férias por ano, bem mais do que se costuma dar em El Salvador. Mas seu êxito também tem alguns lados ruins. Quando ficou cada vez mais evidente que seu negócio era uma mina de ouro, um dia recebeu a visita de dois mascarados à noite. "Ou você nos dá uma parte do lucro, ou então terá dificuldades", ameaçaram, apontando as metralhadoras para ele. José não se impressionou, pois reconheceu um dos dois como sendo o filho de um conhecido de uma aldeia vizinha. "Se o seu filho voltar a aparecer por aqui ele ficará órfão", ameaçou o pai. "Desde então, nunca mais ouvi falar deles", diz com um sorriso maroto.

À tarde, José me leva para sua compra diária no atacado em San Miguel. Juntos, compramos produtos alimentícios, objetos para casa e ferramentas para sua venda. San Miguel não é totalmente isenta de perigo. Por isso, estou aliviado por estar no carro de José, podendo me imiscuir à multidão a seu lado. Estacionamos no pátio de um conhecido e caminhamos a pé pelas ruelas estreitas. Como acontece quase em toda a América Latina, o mercado é um emaranhado em que cada centímetro quadrado de superfície é aproveitado. Os estandes ficam um ao lado do outro. Além de frutas, verduras, carne e peixe pode-se comprar quase tudo o que se pode imaginar. Eu mergulho numa algaravia de ruídos, cores e pessoas. Para os meus sentidos, acostumados a padrões da Europa Ocidental, esse lugar é um desafio. O nariz, os ouvidos e os olhos são invadidos por estímulos de todo tipo. Principalmente os cheiros são fortes. Depois do odor penetrante de peixe numa banquinha de bacalhau, sou envolvido por alguns instantes por uma nuvem que recende a *pupusa* frita, uma espécie de pastel de queijo e carne. Logo em seguida, a nuvem se transforma no fedor pútrido de esgoto e frutas apodrecidas. E mal essa mistura alcança minhas narinas, já é substituída por aromas de pimenta e noz moscada.

Passo quase uma semana inteira com José e sua família. Faz bem voltar a certa rotina e dormir várias noites seguidas na mesma cama. Graças a este intervalo e à calórica cozinha salvadorenha, volto a ganhar peso. A mulher de José me mima com *chicarrón* – carne de porco frita com tomates e cebolas –, feijão e pudim de arroz. Se continuar assim, ficarei enorme de gordo!

Acompanho José diariamente em suas viagens de carro para comprar mercadorias dos produtores locais. Passamos horas cruzando o interior comprando, anotando pedidos e entregando as encomendas. Numa das tardes, ele resolve me levar até a costa. A região é praticamente deserta. Passamos a cem por hora pela praia. Pelo rádio escutamos *reggaeton*, uma mistura de hip hop espanhol, reggae, merengue e *dancehall*. Surgido nos anos 1980 e 1990 no Panamá, em Porto Rico e na República Dominicana, esse estilo musical começou a cair no gosto internacional há poucos anos. Não se deveria prestar muita atenção na letra, pois geralmente é uma mistura de temas como violência, crime e sexo. O ritmo é simples e acessível e bem convidativo para se dançar. Hoje em dia, não se consegue mais conceber nenhum país da América do Sul ou Central sem *reggaeton*. Os maiores sucessos são tocados principalmente em discotecas. Entre jovens, esse tipo de música parece ser bem mais popular do que a salsa. Quando o sol começa a se pôr, sentamos no capô do carro de José, olhando para a superfície do mar, lisa como um espelho, em que o sol da tarde vermelho lentamente afunda.

Na volta para Conchagua seguimos por alguns minutos um jipe da polícia. Na caçamba, dois jovens algemados e vigiados por policiais armados. O olhar dos adolescentes é desanimado e traz desespero e sofrimento. "Veja esses dois – ainda são menores e já entraram em conflito com a lei", diz José, dando de ombros, algo resignado. "Mas você já viu isso antes?", pergunto, chocado com a visão que não é corriqueira para mim. "Sim, infelizmente isso é normal por aqui, mesmo na área rural". Quando lhe pergunto como se protege contra esses bandidos jovens, José aponta para um facão de meio metro de comprimento a seu lado no carro e puxa uma pistola debaixo do assento. "Isso anda sempre comigo. Até hoje, nunca precisei atirar em ninguém, mas algumas vezes já me senti aliviado por tê-la a meu lado", diz. Fico com o joelho bambo ao imaginar que provavelmente existe uma arma dessas em cada carro nas ruas.

Despedir-me de José e de sua família não é fácil, especialmente porque, nesses últimos dias, eles me deram segurança e acolhimento e eu pude conversar com eles sobre todos os assuntos possíveis. Agora, voltarei à minha solidão, tendo que me afirmar sozinho num ambiente estranho. "Tchau, amigo, vai com Deus e volte sempre, será sempre bem-vindo aqui", exclama José, acenando para mim enquanto já estou rolando novamente na Panamericana. "E, se passar por outros ciclistas, mande-os para cá, fico feliz com novos hóspedes".

Depois de dois dias difíceis chego até San Salvador, a capital que fica aos pés do vulcão Quetzaltepec, a 800 m de altitude. Fico feliz com a expectativa de temperaturas mais amenas, pois sofro há dias com a coceira nas axilas e nos joelhos provocada pelo calor e pelo meu próprio suor. Já experimentei várias pomadas e remédios, de loção de Aloe Vera até um creme de cortisona, mas sem êxito. Desde que deixei a casa de José, há uma faixa roxa no meu braço direito. Durante o dia, a coceira é suportável, mas quase todas as noites eu acordo com a irritação e as cócegas, rolando de um lado para o outro. Tenho a sensação de estar deitado num formigueiro, é horrível! Penso em procurar um dermatologista, mas logo desisto ao me lembrar da última consulta médica no exterior. Foi quando procurei um dentista para um exame de rotina e informei possuir um seguro médico na Alemanha que me permite pagar a conta em dinheiro. Imediatamente, ele diagnosticou cáries em nove dentes e me apresentou uma conta no valor de 2 mil euros. Não confiei no diagnóstico e preferi não fazer o tratamento. De volta à Alemanha, procurei logo um dentista e fiquei ao mesmo tempo aliviado e enfurecido ao saber que havia apenas uma cárie num dente e que os outros oito estavam ótimos. Desde então, sou extremamente cético quando se trata de procurar qualquer um desses homens de jaleco branco. Por isso, decido resolver sozinho meus problemas de pele.

San Salvador nem estaria no meu roteiro, não fosse o convite de Ana para visitá-la. Ela trabalha como comissária de bordo na linha de aviação Taca e voa pelo menos uma vez por semana até os Estados Unidos. Foi lá que nos conhecemos. Passo uma semana com ela e um de seus quatro irmãos, com quem divide a casa própria em um bairro da periferia. Vista de fora, a casa parece um barraco: a tinta caindo da fachada, o portão da garagem, amassado e cheio de ferrugem, e ao entrar na casa é preciso tomar cuidado para não tropeçar num buraco no chão. Mas o mobiliário é sofisticado e moderno. O padrão é europeu ou norte-americano.

Juntos, fazemos pequenas excursões pelos arredores, passamos por um mercado e escalamos o vulcão Quetzaltepec, de 1.800 m, poucos quilômetros a oeste da cidade. Da margem do chamado "boquerón", como os nativos chamam a cratera de 500 m de profundidade, tem-se uma vista fabulosa para toda a cidade e o lago de Llopango, situado atrás dela. A leste e a oeste outros cumes de vulcão despontam contra o céu e, ao sul, a superfície lisa do Oceano Pacífico brilha no horizonte.

Desde a última erupção do Quetzaltepec, em 1917, não se passaram ainda cem anos. Teoricamente, a qualquer momento pode ocorrer nova erupção. Considerando a proximidade da cidade, isso teria consequências catastróficas para os moradores. Da mesma forma que o Vesúvio em Nápoles enterrou a cidade de Pompeia há cerca de 2 mil anos sob uma grossa camada de cinzas, extinguindo toda a vida na cidade, o Quetzaltepec também poderia simplesmente acabar com San Salvador. Uma ideia louca! Mas as pessoas parecem conviver bem com o perigo constante que mora no centro da Terra. Os bairros sobem nos sopés das montanhas, mesmo na parte interna da cratera encontram-se casebres com cabras e burros. No centro do *boquerón* existe outra cratera, menor, em cujo centro alguém escreveu "Jesus te ama" com grandes pedras brancas.

Num final de semana vou com Ana e sua colega Karen até o litoral. Depois de um bom almoço num dos numerosos restaurantes, resolvemos nos deitar um pouco na praia. Mas poucos minutos depois de desenrolar as toalhas cai um toró. Do nada, surge um vento terrível, como um furacão, que levanta tudo para os ares – areia, folhas e pequenos galhos. As palmeiras, normalmente tão plácidas, começam a balançar como se fosse tentáculos de um monstro marinho. É um milagre que resistam a essas extremas oscilações! Dentro de pouquíssimo tempo tudo está alagado. Saímos correndo por entre as poças de lama até voltar ao nosso carro. No estacionamento e na pequena rua que liga a praia à cidade, um caos: todos querem voltar ao mesmo tempo. Resultado: engarrafamento. Ficamos bem uns 20 minutos no mesmo lugar sem avançar um metro sequer.

Parou de chover. As nuvens negras seguiram. Muita gente saiu dos carros engarrafados, formando pequenos grupos e conversando. Parecem relaxados. O tempo de espera não parece abater o seu ânimo. Como se comportariam as pessoas nessa situação na Alemanha? Certamente, a pressão arterial média dos motoristas subiria muito. Enervados e com expressão de raiva estariam nos seus carros fazendo um buzinaço. Pareceria o fim do mundo!

Enquanto me rendo aos meus devaneios, Ana liga o motor, dá ré e acelera, ultrapassando todos os carros na pista contrária. Não posso acreditar no que vejo! Tenho a sensação de estar numa montanha-russa. "Ana, para com isso! Entra na próxima brecha e para!" Mas ela não se importa, apesar de vários pedestres que balançam a cabeça e dos veículos que vêm em nossa direção e precisam ir para o acostamento. Sinto um misto de medo e de vergonha. Os olhares das pessoas na rua são quase insuportáveis. É quando escuto uma sirene. No retrovisor vejo um carro com luz azul. Dentro de poucos segundos ele está ao nosso lado e um policial nos manda parar. "Fala que você está com dor de barriga", grita Ana para Karen. "Quem sabe, eles nos deixam seguir!" "Minha amiga está com uma crise de apêndice e precisa ir para um hospital, por favor, deixe-nos passar, a coisa é séria!", avisa ela ao policial pela janela, convicta. Olho para trás e vejo Karen toda encurvada no banco de trás, gemendo e chorando, vejo até lágrimas escorrendo pelo seu rosto. Ela é uma excelente atriz. Até parece que ela está com um problema sério. Mas o policial não se deixa impressionar. "Se ela está com dores fortes, por que não chamou uma ambulância? Eu vou lhe aplicar uma multa e se a sua amiga não parar imediatamente com esse teatro, você terá mais dificuldades ainda", diz ele, num tom sério. Subitamente, Karen para de chorar, senta ereta e Ana recebe o formulário. Preciso me controlar para não cair numa gargalhada, pois a situação é simplesmente muito grotesca!

Como preciso atravessar os EUA para chegar ao Canadá, e para isso, também preciso de um passaporte em dia, vou até a embaixada alemã em San Salvador. Até agora, eu ainda estava com o passaporte provisório que a embaixada de La Paz me deu pouco depois do roubo dos meus documentos. Até agora, consegui passar por todas as fronteiras sem problema algum, mas os EUA não reconhecem o documento.

Muros altos protegem o prédio da embaixada. A pesada porta de aço se fecha atrás de mim como numa prisão. Minha esperança de conseguir logo um passaporte novo rapidamente se esvai. Como informa a jovem funcionária atrás da grossa vidraça blindada, ela não tem autorização de emitir um novo passaporte se a pessoa ainda está de posse de um documento válido, ainda que seja um passaporte provisório. "Volte para a Alemanha, solicite um passaporte novo e volte para cá daqui a quatro semanas", diz ela, fria. Não posso acreditar no que estou ouvindo! Que absurdo! Obstinado, tento negociar uma solução de compromisso e noto como ela vai cedendo aos poucos. "Quase todas as companhias aéreas vão para a Alemanha via Estados Unidos, não vou conseguir prosseguir", lamento, sem saber se é o que efetivamente acontece. Mas: o que deveria fazer? A moça parece acreditar em mim, pois pouco depois de ouvir todo o meu relato, pega o telefone, liga para a Alemanha, fala com um colega e diz: "OK, vamos tentar. Mas vai demorar no mínimo cinco semanas até o novo passaporte ficar pronto em Berlim e mais uma para chegar até aqui. Pelo menos existe uma possibilidade de o senhor não ter que ir para a Alemanha para isso". Num primeiro momento, fico aliviado, embora me desagrade a ideia de permanecer um mês e meio em San Salvador. Quero ir para o norte – México, EUA e Canadá. "Existe a possibilidade de mandar o passaporte para uma embaixada em outro país, por exemplo, o México?" A moça fica muda, mas depois diz: "Podemos tentar. Mas não posso prometer nada. Antes de mais nada você precisa pagar 270 dólares. Se o pedido for recusado, infelizmente não terá essa soma restituída. O risco é seu." Contrariado, pago a soma horrenda. Não tenho escolha nessa situação. E, quem sabe, no fim tudo vai dar certo!

Sob temperaturas de 40°C à sombra, prossigo no início de maio para oeste. Logo estarei cruzando a fronteira para a Guatemala. Estou ansioso por conhecer este país que, em termos de cultura, história e paisagem, parece ser um dos pontos altos da América Central. O nome já tem um som misterioso. Cerca de 40% de seus habitantes são nativos indígenas, em grande parte descendentes dos maias, o povo que, antes da chegada dos espanhóis em 1519, era uma das civilizações mais desenvolvidas do mundo. Pirâmides, templos e ruínas em vários lugares testemunham a glória passada daquela região. Mesmo depois de cinco séculos de maciças influências europeias, os indígenas conservaram sua cultura e modos de vida tradicionais. A maior parte da população mora no altiplano que se estende através do país inteiro, da faixa litorânea fértil no sudoeste até a planície tropical a nordeste. Os picos mais altos atingem 4.000 m.

Passo por vulcões imensos, cobertos por densa mata tropical até grandes altitudes. Em contraste com El Salvador, país mais densamente povoado e que consiste, em grande parte, de áreas habitadas, volto a ver aqui grandes áreas de natureza intocada. Em várias etapas diárias, subo até a região montanhosa guatemalteca, passando por aldeias pitorescas, onde me sinto como numa viagem ao passado. As mulheres trajam vestidos coloridos exóticos. As estampas cuidadosamente bordadas em suas saias, panos e bolsas fazem com que se tornem mosaicos vivos e revelam um amor pelo detalhe. Não é só nos trajes, mas também nas fachadas das casas e nos veículos que encontramos todas as tonalidades possíveis. Até os cemitérios parecem caixinhas de cores à distância.

Depois de cruzar um passo escondido na neblina, chego ao Lago de Atitlán. Fica dentro de uma cratera, e as águas do lago são de um azul tão profundo que Alexander von Humboldt o elegeu como um dos mais belos da Terra. E ele tinha razão. Raramente vi uma paisagem tão linda. Encrustado entre os três vulcões Tolimás, Atitlán e San Pedro, fica, majestoso, a uma altitude de 1.500 m. Comparado com a planície costeira úmida e quente, a temperatura aqui em cima é bem mais agradável, e a visão também é bem mais clara por causa da umidade do ar mais baixa. A beleza desta paisagem idílica parece ser famosa no mundo inteiro. Nas cidadezinhas à margem do lago há turistas, hippies e viajantes de todas as partes do mundo. A cidade de Panajachel virou um centro da cultural hippie, cheia de cabeleiras rastafári – percebe-se algo de 1968 no ar. Usam-se as roupas e as joias dos nativos, anda-se descalço, toca-se tambor nas calçadas para ganhar dinheiro e fuma-se maconha. De algum modo, tudo aqui é "*easy*" e "*cool*".

Na subida para o planalto, o rolamento da minha roda traseira resolveu travar de novo. As bolas colocadas no rolamento na Bolívia quebraram e, cada vez que a roda gira, o cubo traseiro geme e meu corpo estremece. Em Panajachel, procuro um mecânico de bicicleta e sou levado até um homem de seus 75 anos, considerado especialista em bicicletas no lugarejo. Por um valor equivalente a dois euros, ele oferece o conserto do rolamento. "Isso não é problema, vamos conseguir", diz ele, seguro de si. "Volte daqui a duas horas, devo ter terminado".

Quando volto no horário combinado, ele ainda está ocupado em montar o rolamento. Eu lhe ajudo e montamos juntos o rolamento na roda. Mas o rolamento bloqueia e, ao olhar direito, vejo que o bom homem errou ao montar as partes. Voltamos a desmontar e montar tudo. Agora, me arrependo de ter deixado a bicicleta com ele sem estar do lado, espero que ele tenha resolvido o restante do trabalho corretamente, sem trocar outras peças. Milagrosamente, consigo chegar até os EUA sem outros problemas. Ao ver a oficina e o rolamento erroneamente montado, não teria imaginado.

A estrada serpenteia quase sem fim até o planalto guatemalteco. No passo Cumbre de Alaska alcanço uma altitude de mais de 3.000 m. Meu corpo, acostumado ao calor tropical, precisa lutar para se acostumar às temperaturas mais baixas agora. Ao descer através de chuva e neblina, preciso vestir um casaco de inverno e luvas. A paisagem do altiplano é linda. A estrada recentemente asfaltada passa por meio de colinas suaves, os declives e aclives são amenos. As encostas das montanhas são usadas para lavouras. De longe, os campos de tabaco, café, algodão e bananas parecem uma colcha de retalhos. As técnicas agrícolas parecem obsoletas, só alguns poucos camponeses dispõem de veículos motorizados e ferramentas modernas. Em vez de ruidosos motores a diesel, um boi ou um burro puxam o arado. Apesar da evidente pobreza, as pessoas parecem felizes e satisfeitas. São gentis e acenam para mim.

Num albergue, encontro Enrique e Mario, ambos de El Salvador. Têm o mesmo objetivo: chegar aos EUA. Enrique costumava trabalhar num canavial em San Salvador. "Trabalhar no campo naquele calor infernal acaba contigo, quase todos os trabalhadores usam drogas para aguentar aquilo", diz ele, apontando para seu braço cheio de cicatrizes de picadas. "Você trabalha umas dez horas por dia sob um calor de 40°C à sombra e o salário mal dá para uma refeição." Para Enrique, é a primeira tentativa de mudar de vida. Mario já esteve duas vezes nos Estados Unidos. Em 1998, arriscou a primeira tentativa de fuga para a liberdade. Naquela época ainda era bem mais simples. Por alguns poucos dólares, foi levado de carro para o meio do deserto em algum lugar na fronteira entre o México e os Estados Unidos. Em quinze minutos já estava em um carro que o esperava do outro lado. Não demorou muito e já estava em San Diego. Morou durante quatro anos na Califórnia, ganhando a vida como cozinheiro e dividindo um apartamento com outros cinco latinos no sul de Los Angeles. Um dos outros cinco era traficante de cocaína. Cada vez mais clientes vinham ao apartamento, muitas vezes também à noite. Os vizinhos se sentiram incomodados, chamaram a polícia e Mario foi deportado.

Cerca de dez anos depois de cruzar a fronteira pela primeira vez, ele voltou a tentar, com a mulher e seus dois filhos. Mas dessa vez foi bem mais difícil. A tela de arame esburacada se transformara em um muro quase intransponível. Demorou quase três semanas até a família encontrar uma oportunidade. Foram para Houston, no Texas, onde Mario passou a trabalhar na construção civil. Há três meses, foi descoberto pela polícia durante uma fiscalização da obra e foi novamente expulso. Sua mulher e os dois filhos continuam em Houston, e ele espera voltar a estar lá em poucas semanas.

Nem Enrique nem Mario têm autorização de permanência no México e, por isso, correm o risco de não conseguirem chegar até a fronteira com os Estados Unidos e de serem mandados para casa antes. Estão preocupados com a fiscalização nos ônibus nas cidades maiores. Por isso, evitam pegar ônibus, percorrendo grandes trechos a pé – às vezes, até 30 km num dia. Passando as cidades, voltam a pegar ônibus e seguem mais um trecho. É muito difícil e penoso. Ambos calculam que necessitarão de pelo menos três semanas para os 3.000 km até a fronteira.

MÉXICO, PAÍS DOS ASTECAS E DA TEQUILA

"*Bienvenido a México!*" Há meses espero por essa placa, e finalmente uma aparece na minha frente. Como em quase toda a América Central, também surgiu nessa fronteira um povoado a partir de pequenos comerciantes. São casebres e vendas miseráveis, ruas tristes. Aqui, a maioria das pessoas vive da venda de bordados artesanais, chapéus do tipo sombreiro, colares e violões. "*Cambio, cambio!*", gritam alguns, acenando com gordas pilhas de dinheiro. Quando encosto minha bicicleta numa parede para tirar meu passaporte da bolsa, sou rodeado por uma horda de ambulantes insistentes. Fico aliviado quando o funcionário da aduana mexicana coloca o carimbo de imigração no meu passaporte, me dá as boas-vindas e me permite voltar para a minha bicicleta. São quase 4.000 km mexicanos instigantes que me esperam nas próximas seis semanas.

Minha alegria de ter chegado até aquele país é imensa. Em pensamento, já visualizo as paisagens maravilhosas: a região montanhosa de Sierra Madre, a selva de Yucatán, o deserto de Baixa Califórnia e a costa do Pacífico. Minha rota segue por cidades pitorescas com prédios maravilhosos de estilo colonial, sítios arqueológicos com pirâmides gigantescas, templos e ruínas de maias e astecas. Fico com água na boca quando penso nas *quesadillas*, nos *burritos*, coronas e tequila. Sinto-me quase em casa, pois conheço este país e seu povo de outras viagens e tenho uma sensação benfazeja de acolhimento. Nas outras vezes, vim para o México pelos Estados Unidos. Comparado com o padrão de vida americano, o México parecia um país em desenvolvimento: pobre, atrasado e caótico. Desta vez, vindo da Guatemala, tudo é diferente. Depois de ter passado tantas semanas pelos países mais pobres do continente, o México parece ser um país avançado, desenvolvido e quase próspero. Essa diferença fica mais nítida quando se observa o estado dos automóveis que circulam nas ruas e que são muitas gerações mais novos do que os veículos nos países anteriores. Além disso, há muito menos lixo sujando a paisagem e as casas parecem mais confortáveis.

Uma belíssima estrada em serpentina me leva até a cadeia montanhosa meridional de Sierra Madre. Vistas incríveis sobre a planície guatemalteca que deixei para trás compensam os esforços da subida íngreme. As experiências da minha viagem até agora passam pela minha cabeça. O tempo que passou desde a minha partida em Buenos Aires me parece uma eternidade. Depois de quase meio ano, o odômetro marca 13.500 km percorridos. Se eu tivesse partido da Alemanha na direção sudeste, já teria chegado na Austrália.

Pouco antes de cair a noite, chego à cidadezinha de La Trinitaria. O sol já se pôs, só as nuvens no horizonte recebem alguns poucos raios. O silêncio é absoluto, nenhuma brisa, e o céu brilha claramente – as fachadas bem-cuidadas das casas e as calçadas limpas tornam a cidade pacifica e acolhedora. Um lugar para se sentir bem. Pedalo até o Zocalo, uma praça arborizada com árvores exóticas e plantas que envolve uma linda catedral de estilo colonial. Ao saborear uma porção tripla de tacos e duas garrafas de Corona, sento-me num dos bancos de ferro, deleitando-me com a chegada neste país maravilhoso.

Dois homens vêm na minha direção. Percebo que falam sobre mim. “Boa noite, procuramos um voluntário com aparência de americano para um filme, você se disporia a participar?”, pergunta um deles num inglês quase sem sotaque. Os homens trabalham num documentário sobre imigração ilegal nos EUA e procuram alguns atores amadores para representar policiais americanos. É para ser uma cena noturna numa fazenda que fica próxima. Fico feliz com a possibilidade de participar de um filme. Aceito, entusiasmado.

Mas infelizmente a vingança de Montezuma estraga os meus planos. Eu achava que o meu corpo já teria se habituado às péssimas condições higiênicas e que o meu sistema digestivo lidaria melhor com as bactérias malvadas, mas o México é imbatível. Já no segundo dia sou acometido por dores como raras vezes tive antes. Com um rolo de papel higiênico na mão, paro a toda hora para ir atrás de um arbusto ao lado da estrada. Num supermercado de San Cristóbal de las Casas, tenho vontade de vomitar e desabo entre as prateleiras. Um vendedor me ajuda a levantar e me acompanha até o meu albergue. Paso três dias na cama à base de chá e torradas. O meu corpo exige calma e repouso. Durmo quase o dia inteiro, cada movimento me custa um grande esforço. Adoraria ter feito a ponta naquele filme, mas no dia da gravação eu me sinto miserável e fraco demais para me manter em pé.

Passando por Tuxtla Gutiérrez, chego alguns dias mais tarde na costa do Pacífico, para logo em seguida subir para a região montanhosa de Oaxaca. Quase não dá para suportar as temperaturas na planície tropical quente e úmida. Novamente sofro com irritações da pele. Minhas axilas e as dobras dos joelhos coçam como o diabo. Fico aliviado quando finalmente chego à Cidade do México, situada a mais de 2.000 m, onde a temperatura é mais amena. Passarei uma semana com a família de Magui, a amiga de um dos turistas franceses com os quais passei o Natal na Bolívia. Magui terminou a faculdade há poucos dias e ainda não começou a trabalhar. Por isso, tem bastante tempo para passear comigo na cidade.

Quando chego, Magui está jantando com os pais e os três irmãos. Uma panela enorme exala o aroma tentador de *pozole*, uma espécie de sopa feita de milho, condimentos e carne. "Senta e se sirva, tem muita comida e você deve estar com muita fome", diz a mãe de Magui, generosa, como se eu fosse um filho. A situação é curiosa: há poucos minutos conheci essa gente pela primeira vez na vida, e agora estou à mesa e sou servido como se fizesse parte da família. No meu espanhol macarrônico, conto das minhas peripécias de viagem, os encontros com pessoas, as várias panes e as situações mais complicadas. Embora deva cometer pelo menos dois erros de gramática por frase, eles escutam atentamente e fazem uma pergunta depois da outra. Enquanto falo, todos fazem silêncio na sala de jantar, e os seis rostos curiosos olham para mim. Só falam de si quando as minhas cordas vocais cansam.

O pai de Magui, Enrique, é engenheiro, e trabalha já há quase 30 anos na companhia de metrô da Cidade do México. Sua voz traz entusiasmo quando ele me conta da rede metroviária da cidade, que transporta 1,5 bilhão de pessoas por ano, sendo a nona maior do mundo – maior do que a de Londres. "Por que você não vem comigo amanhã? Posso te mostrar a sala de controle do sistema metroviário da Cidade do México", diz, gentilmente.

No dia seguinte eu o acompanho até seu local de trabalho. Durante a hora do rush, tentamos passar pela multidão de gente. Para evitar dificuldades com o serviço de segurança ao adentrar a área de trabalho, ele sugere que eu me identifique como funcionário do metrô do Rio de Janeiro em visita oficial. A entrada no portão principal funciona sem problemas. Não preciso mostrar meu passaporte e ninguém quer saber detalhes da minha visita. Passamos por diversos prédios. Por elevador, chegamos ao sexto andar de um edifício. Quando as portas se abrem, vejo imensas mesas de controle, uma dúzia de técnicos sentados diante dos monitores em semicírculo, olhando concentradamente para as telas entre milhões de luzinhas que piscam. A sala não tem janelas. Só tem alguns spots no teto. O espaço tecnológico me lembra os filmes de James Bond. Saímos do elevador e andamos em direção de quatro homens que estão no meio da sala. Enrique os cumprimenta. "Posso apresentar o senhor Schmid do Rio de Janeiro? Ele trabalha na companhia do metrô e está aqui de visita". Os homens apertam minha mão. "Bem-vindo à Cidade do México, prazer em conhecê-lo", diz um deles. "Tenho uma pergunta", diz seu colega. "Há pouco, vocês inauguraram um novo sistema de monitoramento, como está sendo a experiência com a nova tecnologia?" Droga, ninguém pensou nessa possibilidade. O que devo responder agora? Tento lembrar se escutei falar em algo parecido, mas em vão! "*Muy bien, muy bien*", respondo, tentando fingir segurança, sem conseguir dizer mais do que isso. Os técnicos olham para mim com expressão de interrogação. O que será que ele quer dizer? Pausa. Por sorte, Enrique vem ao meu auxílio. "Ele só fala português e inglês e compreende pouco espanhol, mas pelo que entendi, todos ficaram muito contentes no Rio, tudo funciona às mil maravilhas, não é mesmo?" "Sim, isso mesmo", concordo, sorrindo simpaticamente. Parece que consegui escapar dessa – pelo menos, os colegas de Enrique não me perguntam mais nada. Mesmo assim, sinto-me aliviado quando saímos do prédio vigiado por seguranças armados. Sorrindo, desejo uma boa-tarde a eles.

À tarde, atravesso o campus da universidade de Magui com ela e um colega da faculdade. Em seguida, vamos a uma *pulquería*, um bar que serve *pulque*, uma bebida alcoólica feita do suco fermentado de vários tipos de agave. Este líquido leitoso com cerca de 5% de álcool parece uma mistura de coalhada e vinho de maçã. No começo, é estranho, depois você se acostuma. O bar está superlotado. O ar é abafado e quente, tenho a sensação de estar sendo coberto pelos pingos de suor dos outros. Quando finalmente conseguimos avançar até o balcão e brindamos com nossas jarras, nossa alegria é subitamente interrompida. Os olhos começam a lacrimejar e todos são acometidos por um ataque coletivo de espirros e tosse. As pessoas se levantam de suas cadeiras quase concomitantemente e saem correndo. Não tenho a menor ideia do que está acontecendo, por um átimo, acho que estou sonhando. A ardência no rosto e nas vias respiratórias fica mais forte. Me sinto como se estivesse no meio de uma nuvem de gás lacrimogêneo. Tossindo, saio correndo atrás da multidão, mas do lado de fora é pior. O que aconteceu? Pouco depois, o mistério é desvendado. O estabelecimento ao lado está moendo pimenta seca e o vento está levando a poeira pela porta de entrada do bar. *Viva México!*

Passaram-se cinco semanas desde a minha ida à embaixada alemã em El Salvador. Segundo a assistente que me atendeu, o meu passaporte deve ter chegado na Cidade do México. Pego o telefone e disco o número da embaixada em El Salvador para confirmar. "O documento ainda nem foi impresso, com certeza o senhor também não o receberá nas próximas três semanas", diz a moça. "Mas posso tranquilizá-lo, pois seu pedido foi aceito. O passaporte será emitido e enviado para o México". Embora a coisa esteja mais complicada do que eu supunha, finalmente sinto uma chance real de cruzar a fronteira e chegar aos EUA.

Por outro lado, não quero passar outras quatro semanas esperando aqui na Cidade do México. Já estou farto da agitação na cidade grande – os carros que buzinam e emitem ruídos, a confusão nas calçadas e nas ruas. Meus sentidos sofrem um excesso de estímulos. Além disso, o ar empesteado por emissões de poluentes está atacando as minhas vias respiratórias. Há dias estou sofrendo com uma tosse permanente. 23 milhões de pessoas; isto é simplesmente demais. As minhas panturrilhas estão novamente cheias de energia. Preciso sair para a natureza, tenho saudade do silêncio das montanhas, da solidão do deserto e da harmonia nos pequenos povoados distantes.

Mais uma vez, ligo para a funcionária na embaixada para convencê-la a enviar meu passaporte não para a cidade do México, mas para Tijuana. Trata-se de uma cidade limítrofe com os Estados Unidos, a uma hora de carro ao sul de San Diego. A viagem até lá de bicicleta deve durar mais umas quatro semanas. Se o plano funcionar, o passaporte chegará no momento certo e não perderei tempo esperando inutilmente.

Alguns dias mais tarde deixo a cidade de ônibus. O risco de ser atropelado naquele trânsito caótico é alto demais. Também não quero sobrecarregar os meus pulmões com esse ar poluído. Além disso, é proibido andar de bicicleta nas estradas mexicanas. Apesar das placas de interdição, percorro mais de 1.500 km nestas estradas nas próximas semanas. Muitas delas de duas ou até três pistas são novinhas em folha e estão em ótimas condições. Quase não há trânsito por causa dos pedágios. Para economizar, a maioria ainda prefere usar as pequenas estradas vicinais. Os funcionários do pedágio e os policiais rodoviários parecem não se importar. A maioria acena para mim. Pedem apenas para eu dar a volta de modo a não atrapalhar o sistema de contagem eletrônica.

SIERRA MADRE

Pedalo dias a fio sem problema algum e atravesso o planalto da Sierra Madre mexicana, a quase 2.000 m. Graças à elevada altitude, durante o dia os termômetros não ultrapassam a marca dos 30°C. O clima me faz bem e meu corpo volta à velha forma. Até que enfim estou livre da tosse e da coceira na pele. Que sensação boa! Entre extensas plantações de cereais, cana e agaves, há lagos aqui e acolá. Mas alguns estão secando por causa da irrigação agrícola. Um lago ao norte de Morelia está sufocado em algas. Sua superfície está tão lotada de vegetação que seria necessário que barcos especiais cortassem caminho para permitir a navegação. Onde a irrigação artificial é dispendiosa demais, o deserto toma conta da paisagem: cactos, arbustos e rochas a caracterizam.

Em Salamanca, paro num posto de gasolina. Minha garganta está seca, preciso de um *ice tea* gelado. Quando encosto minha bicicleta na parede do pequeno edifício e tiro o boné, alguém me aborda por trás num inglês sem sotaque: "*Hey, man, what's up*, para onde vai?" Ao virar, vejo três pessoas, dois homens e uma mulher. O do meio é bem mais baixo que eu, tem mais ou menos um quilo de correntes de ouro em torno do pescoço, e em sua boca cintila um dente de ouro. Cachos negros de cabelo pendem até o pescoço, sua testa está meio escondida pelo boné de beisebol. "Você está indo de bicicleta do México até a Califórnia? Que irado, cara. Morei quinze anos em Los Angeles e abri uma oficina de carros. A vida lá era boa, mas agora voltei para a minha pátria. Ganhei bastante grana... Tenho doze filhos com três mulheres diferentes, o que quero da vida!", diz ele, rindo. A mulher e o homem sorriem. "Aqui, amigo, vou te dar de presente essa cerveja, aproveita e dá um abraço em L.A., quando chegar lá", diz, simpático, me estendendo uma garrafa da embalagem recém-comprada.

Passando por Aguascalientes, Zacatecas e Durango, chego até o sopé da cadeia de Sierra Madre Ocidental, de 1.500 km de extensão. A região em torno de Durango é conhecida como "pátria dos escorpiões". É o habitat de uma das espécies mais venenosas do mundo. Respeito muito esses monstros perigosos, e fico um pouco tenso durante meus intervalos regulares ao lado da estrada. Vejo aqueles bichos marrons e amarelados sentados nas pedras ou correndo pela areia. Quando me aproximo, estendem suas garras e seu espinho venenoso, ameaçadores, em minha direção. A região montanhosa com os diversos cânions exige muito esforço – subo e desço sem cessar e meu corpo já nem consegue mais se adaptar à situação. A partir de Durango, preciso vencer 40 subidas íngremes antes de chegar à costa. Desço os declives íngremes em alta velocidade e, do outro lado, subo em marcha lenta. A constante mudança de esforço constitui um desafio para o meu corpo.

Num pequeno povoado tenho um encontro desagradável com um grupo de crianças. De longe, vejo que um dos meninos segura um objeto e que os outros olham para ele, curiosos. Não sei de que se trata, mas parece que está entusiasmado. Uns bons 40 m antes de passar por eles, o bando some atrás de um caminhão estacionado no acostamento. Parecem estar se escondendo, mas vejo suas pernas por baixo do veículo. Qual será a sua intenção? Não acredito quando viro a cabeça em sua direção ao passar pelo caminhão. Um dos meninos aponta um estilingue para mim. Eu encolho a cabeça rapidamente e escuto uma pedrinha zunindo ao lado do meu ouvido. Por sorte, ele erra o alvo. "Vão para o inferno", grito, mas eles já dobraram a esquina e saíram correndo.

Na planície úmida e quente volto a fritar ao sol. Temperaturas de até 45°C à sombra castigam a minha pele atacada pela coceira. Tento sair desta sauna o mais rápido possível, mas refresco de verdade, só quando chegar à costa oeste de Baixa Califórnia e até ali faltam ainda 1000 km. Passo por estradas que cortam paisagens agrícolas monótonas ao longo da costa do Golfo da Califórnia para o norte. Cada novo dia parece o que passou. Ao olhar para o mapa, quase desespero, parece que não avanço nunca.

O estado de Sinaloa me parece bem pacífico. Segundo o serviço de inteligência dos EUA, lá está sediada a maior e mais poderosa organização de tráfico de drogas, o Cartel de Sinaloa. Plantam-se enormes quantidades de ópio e maconha na região. Estima-se que entre 1990 e 2008 mais de 200 toneladas de cocaína e grandes volumes de heroína foram exportadas daqui para os EUA. Mais de 100 mil pessoas morreram aqui na guerra das drogas. A todo momento ocorrem massacres sangrentos entre grupos rivais ou entre os bandos e as forças de segurança. A maior parte dos assassinatos aconteceu em Culiacán, a maior cidade do estado de Sinaloa. Ao chegar e me aproximar do centro de Culiacán, as estatísticas terríveis passam pela minha cabeça. Tento acalmar minha tensão e me convencer de que os assassinatos estão ligados exclusivamente ao tráfico de drogas e que eu, como turista, estou de fora.

Como sempre, está insuportavelmente quente. A meteorologia previu temperaturas de 45ºC para hoje em Culiacán. Sinto-me cansado e exaurido pelo sol. A cabeça dói. Para me refrescar um pouco, entro num McDonald's, o ar condicionado vai me fazer bem. É uma sensação de grande prazer sentir o líquido refrescante entrar no meu corpo superaquecido e o açúcar chegar poucos minutos depois na corrente sanguínea.

Começo a conversar com José e Juan, pai e filho, de Culiacán. Ficaram curiosos ao ver minha bicicleta cheia de bagagens e estão interessados em saber o que me fez chegar justamente àquela cidade. Nunca viram um turista estrangeiro na cidade. A região não tem muitas atrações e as manchetes em torno do tráfico de drogas tampouco são convidativas. Trocamos dois dedos de prosa, eu conto da minha viagem e José diz: "Se quiser, pode ficar lá em casa. Os hotéis aqui são muito caros e o teu orçamento com certeza é limitado. Temos camas de sobra." Nem penso duas vezes antes de aceitar. Afinal, que coisa melhor poderia acontecer? Os dois entram na sua picape Subaru e vão na frente, indicando o caminho. Por uns quinze minutos fico preso com minha bicicleta ao seu para-lamas, até entrarmos num condomínio cercado por arame farpado e vigiado por câmeras. As casas são imensas e parecem luxuosas, e nas garagens vejo limusines e carrões.

"*Mi casa es tu casa*", diz José, ao abrir a porta de entrada e me apresentar à sua mulher, Olga. No início, ela demonstra certo ceticismo, pois os vizinhos poderão ficar preocupados com sua segurança se souberem que um hóspede catado na rua está pernoitando perto deles. José me conta que as pessoas nem costumam trancar suas casas, já que o condomínio tem segurança 24 horas. Nos oito anos em que já mora ali nunca houve algum incidente – nem furto, nem roubo, nada. "Tudo bem, então vamos inventar qualquer coisa. Podemos dizer que conhecemos Sven há mais tempo e que ele veio nos visitar." Combinamos que nos conhecemos em 2001 num shopping de construção civil em San Francisco. José estudou ciências computacionais nos EUA, foi dono de uma empresa no Vale do Silício, e morou com sua família na Califórnia de 1988 até 2006.

José me mostra os cômodos espaçosos de sua casa. Quadros a óleo e obras abstratas dão à casa o ar de uma galeria de arte. Muitos são de autoria de sua mulher, Olga. Ela é artista plástica e seu ateliê fica no sótão. Fico espantando a ver uma piscina imensa no andar de cobertura. Mas José explica que ela já não é usada há muito tempo e tem servido de playground ao dálmata Jack.

À noite acontece uma festa no campinho entre as mansões. Os moradores do condomínio se dão bem. José me explica, é como se fosse uma grande família. Regularmente, fazem festas, pagas em sistema de rodízio pelas diferentes famílias. Dessa vez, o anfitrião é Ernesto, dono de uma emissora de rádio local de Culiacán. Mesmo para um ciclista esfomeado, o bufê é exagerado. Depois de um prato de massa, uma porção de sushi, vários pedaços de pizza e uma tigela de pudim de chocolate, me dou por vencido. Depois, dirijo-me ao bar onde são servidos margaritas e mojitos. Velas e tochas espalhadas criam um ambiente gostoso, a superfície da piscina brilha em tons de azul, o som de música ao vivo de uma banda ecoa entre as casas e as pessoas dançam num pequeno tablado. Palmeiras balançam ao vento e no firmamento brilham as primeiras estrelas. Em resumo: uma atmosfera mágica. Inacreditável como, mais uma vez, o acaso me levou até aqui. Há algumas horas eu nem sabia aonde iria pernoitar, e agora estou aqui, nessa companhia agradável. No dia seguinte, volto para o acostamento empoeirado da autoestrada. A ressaca da véspera é forte. Eu deveria ter sido mais comedido naquele bar!

De Heroica Guaymas cruzo o Golfo da Califórnia de barca até Santa Rosalia. A travessia no barco minúsculo dura quase sete horas. Ao sair do porto, o mar está maravilhosamente calmo e a barca desliza sobre a água. Depois de um pôr do sol magnífico, eu me deito e adormeço vendo o céu coberto de estrelas. Durmo bem uma hora sem perceber que o vento aumentou e as ondas também. Quando acordo, a barca balança como o rabo de uma vaca e fico enjoado. Consigo chegar até o bordo do navio e o conteúdo do meu estômago jorra até o mar. Ainda faltam cinco horas até chegarmos ao porto de Santa Rosalia e eu vomito sem parar, como um bêbado. Logo depois da primeira golfada, o meu estômago já está completamente esvaziado, mas as ânsias não param. Minutos se tornam horas, horas se transformam em dias, o tempo parece ter parado. Poucas vezes me senti tão mal quanto naqueles momentos no navio.

Em Santa Rosalia me hospedo no primeiro albergue que encontro. Pálido como cera e totalmente acabado, passo o dia seguinte inteiro na cama olhando para o teto de olhos bem abertos. Se fecho os olhos, nem que seja por um segundo, tudo começa a girar. Se olho para o ventilador, meu estômago volta a se contrair e preciso vomitar. Um horror! Nunca mais subo a bordo de um navio!

A região de Baixa Califórnia a oeste do México é uma das mais quentes de todo o continente. Em algumas partes, o termômetro pode atingir a marca dos 50°C à sombra, no verão. Mesmo assim, uma farta vegetação desértica com plantas endêmicas cobre a península que se estende por mais de 1.000 km. Em alguns trechos, há florestas inteiras de cactos gigantes e de círios, uma espécie de árvore que atinge até 20 m e estende seus galhos em direção ao céu. A fauna também é singular. Um de seus representantes mais interessantes é a baleia-cinzenta. Grandes manadas ficam de dezembro a março na baía de Guerrero Negro para parir seus filhotes naquelas águas tranquilas.

Decido pegar carona num caminhão nos 500 km mais quentes entre Santa Rosalia e Puna Prieta. Não quero sacrificar a minha pele sensível. A norte de Punta Prieta as temperaturas serão mais suportáveis pela proximidade com as correntes frias do Pacífico. Segundo a previsão do tempo, os termômetros marcam até 20°C a menos na costa do Pacífico do que na costa do Golfo da Califórnia e no interior do país. Num posto, peço a um caminhoneiro uma carona. "Claro, amigo, joga a bicicleta ali atrás e entra. Eu me chamo Jesus e aquele é meu assistente, Juan Carlos", diz ele, simpático. Ambos levam uma carga de cerca de 30 toneladas de sucata de metal que carregaram em La Paz e entregarão a uma empresa americana de reciclagem em Tijuana. O trecho que cruza o deserto tem uns bons 1.800 km. Ambos já percorreram o mesmo trajeto dezenas de vezes. Juan Carlos não tem carteira de motorista, ele só ajuda na hora de abastecer, assim como na hora da carga e da descarga. Ponho meus alforjes na cabine e ocupo o assento do meio. O veículo parece imenso. Dá a impressão de que ocupamos a estrada inteira.

O caminhão parte. Estou nervoso. Primeiro, uma estrada apertada e cheia de curvas nos leva através de uma pequena cadeia montanhosa, depois, cruzamos uma planície desértica infinita. De um alto-falante do tamanho de uma tampa de cerveja sai uma música altíssima. É mais barulho do que propriamente uma melodia. Lá fora, cactos a perder de vista, os maiores chegam a ser do tamanho de prédios.

O caminhão parece fazer parte do corpo de Jesus, pois ele sempre sente que há algo de errado com a carga. Paramos – às vezes, no meio da estrada – para apertar as correntes e as cordas que afrouxaram. O caminhão está superlotado, algumas das peças podem cair a qualquer momento na estrada. Na Alemanha, com certeza seríamos parados no primeiro posto de controle policial.

Como a bomba de combustível para distribuir o diesel entre os vários tanques está defeituosa, paramos num estacionamento para transferir cerca de 400 litros de combustível de um tanque para o outro. Usamos uma borracha para chupar o líquido e despejá-lo num balde. Do outro lado, o diesel volta para um tanque através de um funil. Esse procedimento é repetido umas dez vezes até todo o conteúdo do tanque ter sido transferido.

Jesus me conta como é a sua vida. Está há 14 anos na estrada e só vê a mulher e o filho alguns dias por mês. Roda diariamente entre 12 e 15 horas, geralmente de dia, mas também à noite, quando necessário. Já sofreu alguns acidentes, sempre por exaustão física. Passamos por uma curva que certa vez quase lhe custou a vida e mandou o seu caminhão para o ferro-velho. "Minha profissão é dura, perigosa e preciso abrir mão de muita coisa, mas eu adoro estar na estrada. A sensação de liberdade, a variedade de lugares e a possibilidade de conhecer uma parte do mundo são insubstituíveis."

Pouco antes do pôr do sol eu me despeço dos dois. A paisagem é simplesmente bonita demais para ser admirada apenas pelas janelinhas sujas do caminhão. A algumas centenas de metros da estrada eu monto minha barraca entre grandes blocos de pedra. Fora os insetos e grilos não se ouve ruído algum. Meus ouvidos ainda guardam o barulho do motor do caminhão e o sol que se põe oferece um espetáculo colorido incomparável. O céu amarelo-ouro no horizonte vai se tornando azul escuro. As silhuetas negras de cactos gigantes e círios parecem figuras bizarras. Quando a escuridão é total, saio novamente da minha barraca e vislumbro um céu estrelado tão claro e brilhante como jamais vi antes.

A cidade de Tijuana na fronteira com os Estados Unidos é bastante feia. Entre os prédios malcuidados há muitas ruínas, fadadas à destruição antes de ficarem prontas. Tijolos amontoados, muros com vergalhões de ferros enferrujados e tortos. Vira-latas vagueiam pelas ruas atrás de algo comestível nos montes de lixo. Para o norte, a cidade é cercada por imensos rolos de arame farpado de 1 m de altura que lembram a faixa da morte da antiga Alemanha Oriental. Essa construção hostil parece intransponível. A mensagem já pode ser lida à distância: "*Stop*". É a fronteira mais transitada do mundo: mais de 40 milhões de pessoas passam por ali anualmente. Há dias em que mais de 300 mil pessoas cruzam de um país para o outro. Os controles dos veículos são extremamente severos no lado americano. Os fiscais buscam mercadorias de contrabando nos lugares mais recônditos da mala do carro com ajuda de espelhos e sondas.

Quando entro no consulado geral da Alemanha, sinto-me confiante. Em poucos minutos receberei finalmente o meu passaporte. Os esforços das últimas semanas terão valido a pena. Mas a minha paciência é novamente posta à prova. O cônsul já saiu do trabalho para a folga do fim de semana e só volta daqui a três dias. Meu passaporte encontra-se em sua residência. Na esperança de poder buscar o documento lá mesmo, ligo para o seu celular. "Olá, senhor Schmid, já chegou a Tijuana? Ouvi falar da sua viagem, fantástico! Se quiser, irei lhe entregar o passaporte e assim posso conhecê-lo pessoalmente. Mas precisarei de mais uma hora para chegar". Uma hora depois, ele chega e me entrega o documento. Mal consigo acreditar que deu certo e estou felicíssimo.

Uma estrada de quatro pistas, lotada de veículos e caminhões, me leva até a fronteira. Poucos quilômetros antes das instalações alfandegárias tudo para. Entre os carros, ambulantes tentam vender salgados, bebidas e artesanatos mexicano. Pequenos carrinhos de mão passam por entre a confusão. Parece com a barulheira de mercado de uma metrópole latino-americana, só que, aqui, centenas de canos de descarga produzem um barulho adicional. Estou diante de um prédio com a inscrição "*Welcome to the United States of America*". O "*welcome*" da placa me parece uma ironia, uma contradição com as cercas altíssimas de arame farpado e as torres de controle com vigias armados. O procedimento na fronteira dura quatro horas. Sou mandado de uma fila para a outra e preciso preencher uma montanha de formulários, além de conseguir inúmeros carimbos. Os alforjes da bicicleta são escaneados por um aparelho de raio-X e um funcionário tateia o meu corpo. Num outro controle preciso desmontar minha bicicleta inteira. O funcionário me faz desmontar o selim para poder iluminar o cano aberto do quadro com uma lanterna. Afinal, eu poderia ter enchido o cano de alumínio com cocaína ou craque. Os funcionários do *United States Customs and Border Protection* se comportam de modo extremamente antipático. Há meses já não tinha mais encontrado com gente tão antipática, ranzinza e distante.

WELCOME TO CALIFORNIA

Finalmente, pedalo em solo americano. Depois de toda a chateação com o passaporte nos meses passados, eu quase havia perdido a esperança de conseguir atravessar a fronteira. De repente, a tensão acumulada dá lugar a um sentimento de alívio e de liberdade. Acabou-se o medo permanente de um assalto e a preocupação de me tornar vítima do trânsito caótico. Volto a ter a sensação de que a maioria dos motoristas respeita os limites de velocidade e as regras de trânsito e só usa a buzina para os fins previstos. Finalmente, graças às normas de higiene, poderei me despedir dos transtornos digestivos que me perseguiram tanto tempo e me roubaram forças preciosas. E os problemas de pele também deverão ceder com as temperaturas mais amenas. Tchau, coceiras!

De uma vez, todas as preocupações se dissiparam. Mesmo assim, já sinto algo como saudade da América Latina. Sinto falta do temperamento dos latinos, de sua alegria de viver e de sua leveza inabalável. A vida nas ruas do sul da Califórnia, em contraste, é estéril e anônima, e as pessoas parecem estar embaladas por uma camada protetora invisível que dificulta qualquer interação. Se fiquei permanentemente em meio a pessoas e animais nos últimos meses, agora são estacionamentos, prédios e carros que adornam o meu caminho. Quase ninguém anda a pé ou de bicicleta. Quando há calçadas, geralmente não são usadas. Mas quando tenho algum contato com pessoas, estas costumam ser solícitas e generosas. Se paro ao lado da rua para consertar a bicicleta, quase sempre me oferecem ajuda.

A minha viagem também não vai mais fracassar por falta de abastecimento. A oferta de mercadorias é imensa. Depois de meses fazendo compras em pequenas vendas, sem muita escolha, fico quase sem ação diante das prateleiras transbordantes nos supermercados enormes. Me pego diante de uma prateleira com uns vinte tipos diferentes de pão num Walmart, sem saber qual escolher.

Está escuro quando começo a procurar um lugar para pernoitar. Nos EUA, um quarto de hotel custa dez vezes mais do que no México. Portanto, decido pernoitar na minha barraca para proteger o meu orçamento. Mas ao longo da costa quase não há áreas livres para montar a barraca no sul da Califórnia. Onde não há casas, vejo cercas com placas dizendo "Propriedade privada – proibido passar" ou "Proibido entrar sob pena de multa". Minha falta de esperança me leva até Solana Beach, ao norte de San Diego, perto de um prédio dos bombeiros – quem sabe, eles me deixam acampar no pátio nos fundos. Li várias vezes sobre essa possibilidade em relatos de outros ciclistas.

Um jovem de quase 30 anos abre a porta. Visivelmente surpreso com a minha visita àquela hora, ele me olha por um momento, paralisado. Eu lhe narro a minha situação e lhe peço o favor de ocupar alguns metros quadrados no terreno, afinal, há bastante espaço. "Se acontecer qualquer coisa contigo aqui no terreno, teremos um problema com a companhia de seguro. Acho que não dá", diz ele, temeroso. Em sua voz, distingo um tom de lamentação por não poder me ajudar. "Eu vou perguntar ao comandante da estação, quem sabe, ele abre uma exceção". Pouco depois sou apresentado a Bill. É um californiano típico: bronzeado, grande e musculoso. Por baixo de seu bigode cuidadosamente aparado uma boca larga sorri. Seus olhos estão escondidos sob um boné de beisebol com a inscrição "*Solana Beach FIRE Station*". "Claro que você pode pernoitar aqui, seja bem-vindo *buddy*!", convida ele, generoso. "Se quiser, pode deitar na caçamba da minha picape, assim você nem precisa armar a barraca."

Pouco depois estou jantando com todo o pessoal do turno da noite. No cardápio: frango assado, macarrão e salada. "Que tipo de molho você quer? Molho agridoce, de mostarda, de mel, de pimenta? E o que quer beber? Ice tea, Fanta, Pepsi, Seven-Up ou Coca Light? E de sobremesa? Pudim, bolo, muffins ou sorvete?" Mais uma vez me sinto acachapado com tanta escolha! Os bombeiros se mostram muito interessados na minha viagem. Muitos deles amam ciclismo e adorariam me acompanhar mundo afora. Passamos a noite inteira conversando e trocando histórias e experiências, falando do dia a dia dos bombeiros californianos, incêndios florestais, Arnold Schwarzenegger e a Igreja. Só quando minha voz começa a falhar, por volta da meia-noite, é que subo na picape de Bill para dormir. Que recepção nos EUA!

"Sven, teu café está pronto", ouço na manhã seguinte da varanda do prédio dos bombeiros. "Suba e venha tomar café conosco." Eu me sento à mesa com os homens e sou generosamente servido, como na véspera. Bill ainda faz dois sanduíches e os embala numa sacola com quatro maçãs para a viagem. Bill imediatamente recusa os dez dólares que quero lhe oferecer. "Não, dinheiro não, você é nosso convidado!" Ele me manda guardar a cédula, e quando eu a guardo, contra a vontade, de repente vejo outra cédula na mesa. Um dos colegas diz: "É para você. Você está sem emprego e a vida aqui nos EUA é mais cara do que no México." Pouco depois segue mais uma cédula, e uma terceira, e uma quarta. Não acredito: quarenta dólares, doados pelos bombeiros!

Antes de partir, fazemos uma foto com toda a turma e a bicicleta na frente de um dos carros de bombeiro, que eles tiram da garagem especialmente para este fim. A máquina brilha, recém-polida, os raios do sol faíscam nas partes cromadas. Não se vê um único grão de poeira.

Enquanto me afasto rapidamente da bicicleta para configurar o temporizador automático, um bombeiro abre meu alforje e coloca outros vinte dólares com um bilhetinho: "Boa sorte, Sven, até a próxima!"

Passo alguns dias com Simon e Josef, ex-colegas do meu emprego anterior na Califórnia, em Santa Monica, perto de Los Angeles. Um amigo de Nova Jersey e dois amigos da Alemanha que moram perto de Los Angeles também vêm de visita. Depois de tanto tempo sozinho num mundo estranho, é maravilhoso encontrar conhecidos e poder falar alemão. Cozinhamos e comemos juntos, jogamos vôlei e passeamos pelas ruas. Parecem miniférias dentro das férias – é relaxante e renovador. Finalmente alguns dias sem ter que sentar no selim. Embora ainda tenha outros 4.000 km pela frente, já me sinto um pouco como se tivesse chegado no fim da minha viagem. Tenho dificuldade em me motivar para prosseguir. É como se o ar tivesse saído da câmara. Minha sede de quilômetros, por enquanto, está saciada, embora muitos lugares interessantes e belos estejam me esperando.

Por isso, ainda permaneço um pouco nos arredores de Los Angeles, descobrindo as várias características da cidade. Cruzo o famoso Sunset Boulevard em Hollywood, passo por clubes mundialmente conhecidos, butiques de design, restaurantes e hotéis de cinco estrelas. O Beverly Hills Hotel, conhecido por Pink Palace, pertence ao sultão de Brunei e é tido como um dos melhores do mundo. Também faço uma excursão até Beverly Hills, a cidade das estrelas e estrelinhas. Entre cercas vivas meticulosamente aparadas, jatos d'água de elegantes e artísticas fontes e estátuas alvas de pedra, sempre se veem as fachadas pomposas de mansões ricas. Essas residências são verdadeiras obras-primas do exagero. Sua mensagem aos vizinhos é inequívoca: "Eu tenho a mesma casa que você, só que é bem maior!"

Em Venice Beach, poucos quilômetros a oeste, esse lema também pode ser usado, mas dessa vez ao tamanho dos implantes de silicone nos seios. Há uma profusão de beldades artificiais tratadas à base de botox, mulheres de mais de 45 que fazem de tudo para ter cara de 20. Costumam ser chamadas de "*cougars*" na Califórnia, porque gostam de se relacionar com homens mais jovens. Venice Beach é a capital dos excêntricos e dos artistas – em nenhum outro lugar há tantos jovens bombados, skatistas, surfistas, vendedores de artesanato e falsários como aqui. Muitas vezes, a via litorânea está envolvida numa nuvenzinha de maconha. A droga faz parte dos bens de consumo diários – afinal, sob certas condições, o uso aqui é legalizado. Para ter e consumir, basta assegurar ao "*doctor*" que sofre de dores de cabeça e de ânimo oscilante e ele fornece a licença para fumar.

Ao longo da costa do Pacífico estonteantemente bela, sigo para o norte. O forte vento norte e os aclives íngremes dificultam ao máximo a viagem. Sou quase derrubado da bicicleta pelo vento. Em San Simeon, ele é tão forte que sou obrigado a amarrar uma camiseta em volta da cabeça a fim de proteger os ouvidos. Mas a paisagem recompensa qualquer esforço. Quase todo fim de tarde acho um lugarzinho para acampar na costa com vista para o mar. Em baías desertas, vejo centenas de leões marinhos, pelicanos, e num pequeno rochedo, até um condor. Essa rota entre Los Angeles e San Francisco é, sem dúvida nenhuma, uma das mais belas e variadas do mundo. Já a percorri inúmeras vezes, mas sempre ela me fascina de novo.

No início de julho, passo mais uma semana em San Francisco, visitando amigos que conheci durante a minha estadia nos Estados Unidos. Um deles é Gunter. Nascido durante a Segunda Guerra Mundial perto de Lübeck, emigrou com os pais em 1954 para os EUA. A família partiu de Lübeck no vapor SS America, passou por Le Havre e Southampton, cruzou o Atlântico até Nova York. Depois, moraram no Centro Oeste e na Califórnia. Gunter passou alguns anos morando na fazenda do tio em Colby, Wisconsin. Sua irmã, então com 19 anos, apaixonou-se durante a travessia por um médico alemão que pretendia aprofundar seus conhecimentos médicos na Clínica Mayo em Rochester, Minnesota. Poucos meses depois de chegar em Nova York, ela voltou com ele para a Alemanha, onde casaram e moram até hoje. Já para Gunter, os EUA viraram a segunda pátria. Estudou Ciências dos Materiais e trabalhou como engenheiro em diversas empresas e organizações, como a Nasa em Mountain View. É difícil adivinhar sua idade. Ele ainda tem a energia de um jovem de 20 anos. Toca guitarra, aprendeu a falar espanhol, anda de caiaque e planeja uma excursão de bicicleta de San Francisco até Seattle. Além disso, planeja construir uma casa nova em seu terreno no próximo ano.

Visito Gunter e sua mulher Janet em Menlo Park, a cerca de meia hora de carro ao sul de San Francisco. Eles dividem uma casa confortável com uma horda de gatos e cachorros num terreno imenso na periferia da cidade. A casa é isolada. Fora os *squirrels*, os esquilos americanos, não há vizinhos à vista. Embora Menlo Park esteja a apenas algumas milhas distante do Vale do Silício, o lugar parece meio selvagem. Regularmente, eles são visitados por lebres, veados e ursos. Há alguns anos, até um puma selvagem foi visto atravessando o jardim.

No seu tempo livre, Gunter conserta bicicletas usadas. A oficina no pequeno galpão de madeira ao lado da sua casa está lotada de ferramentas e de peças de reposição. Quando ele vê o estado da minha bicicleta visivelmente maltratada, põe-se imediatamente a trabalhar e começa a trocar peças. Os 19.000 km percorridos deixaram traços nítidos. Stefanie ganha um selim novo, uma roda traseira nova, um novo travão para o freio e pneus novos. Na despedida, Janet me dá uma sacola de comida tão grande que temo não conseguir comer tudo até chegar ao Canadá.

Ao norte de San Francisco, a Highway Number One também oferece muitas atrações. Em alguns trechos, a estrada corre diretamente ao lado do Pacífico, num traçado caro, cortado diretamente na rocha. Da estrada, temos vistas fascinantes para o mar verde-turquesa que em certos trechos é interrompido por pequenas ilhas rochosas. A espuma branca espirra numa altura de vários metros, testemunhando a potência das massas de água que criaram essa paisagem grandiosa. Estou o mais bem humorado possível. Com música nos ouvidos e a energia de uma locomotiva a vapor nas pernas, pedalo em alta velocidade.

A pequena localidade de Garberville, na Califórnia do Norte, é conhecida como capital da maconha dos EUA. Um clima quase perfeito, bem como a legalização das plantações de *cannabis sativa* para fins médicos privados, tornam a região um eldorado para hippies e gente que prefere viver uma vida alternativa. A vários quilômetros antes de Garberville já noto os primeiros prenúncios dessa cultura que ama a liberdade. Das janelas abertas de um carro que passa por mim escapa uma nuvem de fumaça azulada. Pouco depois de o carro me ultrapassar, sou atingido pelo aroma penetrante de haxixe.

Poucos quilômetros depois de Garberville encontro Adrian, um antigo corretor de bolsa de valores que largou seu emprego faz alguns meses e agora trabalha no Cannabis College. Esse centro de educação fundado por moradores de Garberville oferece diversos cursos com os temas “Dicas para plantar *cannabis*” ou “Os benefícios da *marijuana* para a saúde e o bem-estar”.

Garberville fica ao sul do Redwood National Park, que abriga as maiores árvores do mundo. Os colossos alcançam até 100 m. Alguns têm até 2.500 anos. Na "avenida dos gigantes" passo por diversos desses monstros fascinantes e me sinto um anão entre os troncos, em cuja área se poderia construir uma casa. As densas coroas engolem quase toda a luz. Embora o sol esteja brilhando no céu, entre as árvores há sombra e a temperatura é fresca. O solo está completamente coberto por uma camada com as mais diferentes tonalidades, tocos e galhos menores estão envolvidos por musgo e líquens, e entre eles crescem samambaias e grossos tapetes de trevos. Só faltam os duendes e os anõezinhos.

Não passa um dia sequer em que eu não experimente a generosidade das pessoas. Ganho algum presente nas ruas ou então sou convidado para comer ou pernoitar. Geralmente, as pessoas me abordam em supermercados, nos parques, no McDonald's ou simplesmente no meio da rua. Um dia, peço ao atendente num bar para encher minhas garrafas com água da bica. Ao saber da minha viagem, ele diz: "Escolhe uma mesa, pede o que quiser para comer e beber – eu sou o dono dessa quitanda e vai tudo por minha conta".

Depois de três dias de pausa em Grants Pass na casa de Sam, com quem, alguns meses antes, eu fizera o trajeto do Peru ao Equador, deixo definitivamente a costa e atravesso bosques e paisagens de estepe aparentemente infinitas em direção a leste. Para chegar ao interior dos EUA, é preciso primeiro cruzar a Cordilheira das Cascatas, uma cadeia montanhosa que se estende na direção norte-sul. Mais de 20 vulcões fazem parte dessa cadeia de mais de 1000 km de comprimento. Os picos mais elevados atingem mais de 4.000 m de altitude. Um dos pontos altos da minha viagem é o Crater Lake, um lago dentro da cratera do vulcão extinto Mount Mazama a sul do estado do Oregon. O lago praticamente redondo não é alimentado por nenhum rio e nem alimenta nenhum córrego. É formado apenas pelas águas da chuva e da neve derretida e, com isso, é um dos mais limpos e claros do mundo. Quando tem sol e não venta, sua superfície lisa brilha um azul profundo, tão mágico e suntuoso que a tribo indígena Klamath, que vive na vizinhança, o venera até hoje.

Estou de pé na margem da cratera, assistindo a uma das auroras mais espetaculares que jamais vi.

Quanto mais avanço para leste, mais plana se torna a paisagem e mais escassa a vegetação. A cadeia montanhosa com alguns picos cobertos de neve definha aos poucos e se transforma em uma paisagem de suaves colinas, a qual, depois de uma faixa de pradarias com pastos, vira uma estepe seca e desértica. As árvores gigantescas do litoral vão se transmudando em árvores altas a médias, que depois dão lugar a arbustos. No fim, eu me encontro em uma planície que se estende de um horizonte a outro, sem qualquer característica topográfica especial. Pedalo durante horas e horas numa estrada reta sem uma única curva. Por um momento, tenho a sensação de ser a única pessoa na Terra. Onde o olho alcança, não há sinal de vida.

No estado de Idaho, o trânsito nas estradas aumenta novamente e a vida volta. Passo por cidadezinhas bonitas que ainda têm o charme da época dos pioneiros. Antes da primeira ligação férrea entre as costas leste e oeste, uma grande parte dos colonos passou por esta região, trilhando uma rota hoje conhecida por Oregon Trail. Com caminhões cobertos puxados por bois, mulas ou cavalos, passavam semanas atravessando o deserto, a estepe e as montanhas. Vários marcos e monumentos ao longo da estrada evocam a passagem aventureira para o oeste. A paisagem selvagem e original de dias passados deu lugar em várias partes a lavouras. Onde antes cresciam arbustos e vegetação rasteira, hoje se cultivam cereais, verduras e grama. Sistemas de irrigação artificiais fornecem água. Guindastes que parecem ser monitorados por fantasmas com um alcance de até 600 m giram pelos campos, jogando água puxada de várias centenas de profundidade sobre os campos. Como sou informado por um camponês, as condições propícias do solo fazem do Oregon o estado produtor do melhor feno do mundo. A qualidade deste feno é tão boa que ele é exportado em grandes volumes. Não acredito no que estou ouvindo quando ele me conta que o feno é levado até o Japão, onde vira um dos bifes mais caros do mundo na forma de gado do tipo Kobe. Quer dizer que grama seca viaja 9.000 km pelo planeta? A ideia parece absurda. A globalização não conhece limites.

Em Idaho, as Montanhas Rochosas se erguem na minha frente pela primeira vez. No início são ainda suaves colinas cobertas de grama. Mas depois surgem cumes cada vez mais agudos, alguns cobertos de neve. A bizarra formação Sawtooth Range pode ser vista de longe no horizonte, cortando o firmamento como os dentes de uma serra superdimensionada. As montanhas estão sendo tingidas com a luz vermelho-sangue do sol que se põe quando eu as cruzo. A visão é maravilhosa.

Nesta cordilheira nasce o rio Salmon, conhecido pela sua riqueza em salmões selvagens. Para a tribo Nez Perce, que vivia naquela região, o rio constituiu uma importante fonte de alimentos durante muitos séculos. Mas depois que se achou ouro ali no século XIX, tiveram que deixar sua terra e pátria para trás. A maior parte da tribo vive hoje em reservas no norte do estado. Tento imaginar como devia ser a vida dessas pessoas antes da chegada dos europeus, quando ainda faziam parte daquela linda paisagem, vivendo em harmonia consigo e com a natureza. Pensar na trajetória daquelas pessoas e sua situação nas reservas hoje me enche de muita tristeza.

Num fórum virtual, conheci Brian e Laurie, dois californianos de mais de 50 anos que há uns dez anos venderam sua casa perto de San Francisco e se mudaram para Hamilton em Montana, no Bitterroot Valley. Brian é gerente de vendas, mas há alguns anos trabalha como professor de ioga e *personal trainer* num centro de ginástica. Sair da vida urbana e da profissão estressante foi uma de suas decisões mais acertadas, diz ele. Ao chegar na nova cidade, ele se sentiu recém-nascido. "*Welcome* Sven, estamos felizes em te receber", diz sua mulher Laurie ao me receber na porta de casa, convidando-me a entrar. Laurie trabalha para uma empresa de tecnologia de ponta do Vale do Silício. Só encontra seus colegas de trabalho, que ficam a 1.500 km de distância, uma vez a cada par de semanas. Todo o resto é acertado via e-mail ou teleconferência. Os dois me levam até o quarto de hóspedes. "Esta é a sua cama, este é o seu banheiro. Pode lavar sua roupa na máquina no porão e secar na secadora. De resto, sinta-se em casa! Quando terminar de tomar banho, desça para jantar conosco no terraço. Espero que goste de salmão grelhado com salada!"

Do terraço, tem-se uma vista privilegiada sobre os cumes das Montanhas Rochosas, cujas últimas colinas chegam quase até o jardim atrás da casa. "Seus músculos devem estar totalmente tensos depois de tanto tempo pedalando. Que tal uma massagem amanhã? Conheço uma massagista maravilhosa em Hamilton", diz Brian, quando começamos as conversar. No dia seguinte, passo uma hora e meia sendo massageado por uma senhora ao som de música de meditação. Depois, sinto-me novo, as pernas e a nuca estão livres de tensões e sinto um fluxo de energia renovador. Brian me dá uma aula de ioga e em seguida tomamos uma cerveja. "Pode passar mais alguns dias conosco, se quiser!"

A hospitalidade é enorme. Sinto-me um pouco mal ao ganhar um presente tão grande, sem poder retribuir. Ser tão bem e generosamente tratado por pessoas estranhas é uma experiência especial e muito marcante. Quando pergunto como posso retribuir, Laurie diz: "Não precisa devolver para nós, basta ser gentil com outros, assim tudo se compensa a longo prazo. Nós ganhamos muitos presentes na vida e tampouco pudemos retribuir." Quando resolvo partir, eles enchem meus alforjes com alimentos. Laurie assa um bolo e Brian prepara homus fresco.

STEFANIE ADOECE NOS ÚLTIMOS QUILÔMETROS

Em Missoula, visito a Adventure Cycling Association, fundada para fomentar o turismo sobre duas rodas. Quem criou a associação em 1973 foi Greg, ele próprio também apaixonado por ciclismo e veterano na Panamericana. Desde 1982, ele mantém um arquivo com informações e histórias de ciclistas que passaram por Missoula e o visitaram em suas viagens. O arquivo já tem mais de 3.500 depoimentos, acrescido diariamente de novos. Num mural na entrada do prédio há uma colagem com fotos em preto e branco de todos os visitantes com suas respectivas bicicletas. Cada fotografia é única e conta uma história. Embora as fotos sejam de épocas diferentes, mostrando ciclistas com os veículos mais diversos provenientes das partes mais diversas do mundo, todas têm algo em comum: os rostos revelam um entusiasmo apaixonado, uma grande vontade de viver e contentamento. O painel é a melhor resposta possível à pergunta de como é viajar de bicicleta.

Eu também me rendo e poso com minha bicicleta. Daqui a pouco, Greg acionará sua velha câmera analógica reflex mono-objetiva e acrescentará mais uma foto ao seu acervo. Enquanto posiciono a minha bicicleta, noto algo que me transtorna. Descubro uma ruptura no quadro. A solda entre o tubo horizontal e o diagonal está quase a se romper. Não, Stefanie, não morra agora!!! Justo nos últimos 500 km o quadro ameaça quebrar. Será um sinal de que chegamos a um limite? É uma visão de chorar. Passamos juntos por tantas peripécias e agora isso! Tenho sorte, pois a algumas quadras de distância há uma metalúrgica que conserta o quadro de alumínio por 50 dólares. Ainda bem que percebi o problema antes e a bicicleta não entrou em colapso na viagem, o que poderia ter tido consequências fatais em alta velocidade.

Alguns dias mais tarde eu alcanço o Glacier National Park no norte de Montana. Desde a minha conversa com a família canadense na confeitaria alemã na Costa Rica, este será o ponto final da minha viagem. Sinto-me quase em casa, embora ainda seja preciso percorrer 400 km e cruzar o cume de 2026 m do Logan. Mais uma vez, as Montanhas Rochosas se erguem na minha frente e eu preciso das marchas mais baixas. Pela última vez, gordas gotas de suor descem pela minha testa. Pedalo ao longo da Going to the South Road e passo pelo lago McDonald, de um azul profundo, formado durante a última era do gelo há 20 mil anos por uma geleira gigante. A paisagem é fantástica e as Montanhas Rochosas se mostram em todo o seu esplendor. Subo por uma estrada cortada em serpentinas na rocha até o mundo das montanhas, em cujas encostas íngremes pastam cabras e carneiros selvagens. Graças a severas regras e aos cuidados da Unesco, o ecossistema do parque é praticamente intocado. Entre os seus moradores, ao lado de ursos grizzly, ursos negros, alces, pumas e lobos, há outras 65 espécies de mamíferos.

Mal posso acreditar quando leio numa placa que ciclistas estão proibidos de circular na estrada entre 11h e 16h. É bem típico dos EUA, penso. Carrões, ônibus e vans têm prerrogativas que as bicicletas não têm. Ignoro a proibição e continuo pedalando na estrada movimentada. A todo

momento os carros que passam buzinam para mim, indignados. Depois de umas duas horas, um veículo da administração do parque me ultrapassa com a luz de emergência ligada. Um segurança do parque abre a janela e me olha com expressão séria: "No próximo recuo acabou a festa. Nos vemos lá daqui a alguns minutos." Quando chego lá, o cara já está esperando diante do veículo. O motor continua ligado, a luz de emergência idem. O ranger incorpora o policial americano típico. Usa um chapéu de caubói, óculos de sol espelhados e tem uma barba meticulosamente aparada. Mascando um chiclete, olha para mim, mudo, quando paro na sua frente. Um revólver, um cassetete e uma lata de gás lacrimogêneo no seu cinto mostram que ele não está para brincadeiras, e seu olhar confirma suas intenções. "Você viu a placa de proibição na entrada do parque?", pergunta com um tom de voz bravo, como se eu o tivesse ofendido pessoalmente. "Sim, mas...", tento amenizar, mas ele não me dá chance: "Quer discutir comigo? Trabalho neste parque há 21 anos. Você tem duas opções: ou aceita a minha advertência oral ou então te passo uma multa salgada. Está entendido? Sem discussões!" O braço fincado na cintura, ele olha para mim, desafiador, seu queixo balança ao ritmo do chiclete. "Aliás, também sou ciclista, como você pode ver pelo meu corpo, mas aqui, nesta estrada, bicicletas têm que respeitar o horário!" Contra a vontade, cedo e aceito duas horas de espera no acostamento.

O restante do trecho até o passo é um sonho. A cada metro que se sobe, a vista se amplia para o mundo das montanhas. No horizonte brilham cumes cobertos de neve. Desço pela última vez antes da planície final de Calgary. Uma placa enorme vermelha e branca com a folha de bordo canadense anuncia o último país da minha viagem. Ao ler "Calgary – 240 km" na placa ao lado, eu me dou conta de como cheguei próximo do meu objetivo e que um capítulo singular da minha vida daqui a pouco chega ao fim.

Se alguém me perguntasse como estava me sentindo naquele momento, ficaria devendo a resposta. Dividido entre alegria e tristeza, sou percorrido por um monte de emoções. Estou tão comovido que as lágrimas sobem aos meus olhos, mas não sei dizer de que tipo de lágrimas se trata. Os acontecimentos dos últimos dias passam pela minha cabeça, os desafios da estrada, o esforço físico, os encontros com pessoas. Revivo a tensão e o medo de ser assaltado na América Latina, o sentimento de solidão durante as compridas etapas no deserto e a sensação de estar entregue ou dependente de pessoas estranhas. Gotas de suor correm pela minha testa e pingam nos olhos, minhas roupas estão grudadas no corpo. Cheiro a poeira do deserto no México, a sujeira nas ruas da Nicarágua.

Escuto as crianças de rua no Peru e na Bolívia pedindo "*gringo, give me money*". Levo sustos com latidos agressivos de cães selvagens e o tremor de caminhões que me ultrapassam. A minha cabeça ainda ficará por um bom tempo ocupada em processar todos essas informações e impressões.

A ideia de ter que voltar à "vida normal" dentro de poucos dias me preocupa. Ficarei entediado? Ou acharei agradável poder morar em um lugar fixo, tendo a vida determinada pela rotina diária? E como será a sensação de estar novamente preso pelas amarras do cotidiano profissional? Apesar de todos esses pensamentos, já estou desde agora ansioso por rever logo amigos e familiares e poder realizar as coisas com mais planejamento e menos esforço.

Eu me pergunto se os 21.935 km marcados no odômetro na bicicleta foram muito ou pouco. Muitas vezes, ao longo dos últimos dez meses, cheguei à beira do desespero ao conferir no mapa o trecho percorrido ao longo de um dia. Comparado com as dimensões do continente imenso, a distância parecia do tamanho de um cocô de mosquito. Depois, tinha a sensação de que a Terra é infinitamente grande e que seria impossível percorrer toda a rota. Mas quando olho para trás agora, a esfera terrestre nem me parece mais tão grande assim, e não parece que pedalei tanto. Talvez seja porque esqueci muita coisa e que os momentos que restaram no meu cérebro, juntos, somam uma distância bem mais curta.

A última noite é uma das mais desconfortáveis de toda a viagem. No início da noite cai um temporal ensurdecedor, os raios perpassam o céu negro. Grossas gotas de chuva me atingem quando tento armar a barraca ao lado da estrada, numa ruazinha de campo. Rajadas de vento quase arrancam a barraca das minhas mãos. Suado e coberto por uma mistura de filtro solar, poeira da rua e insetos mortos colhidos durante o dia, eu me enrolo no meu saco de dormir. Na verdade, repugnante – mas não me incomoda. Tarde demais, noto que não fechei direito a entrada da barraca e uma parte do meu saco de dormir encharcou com água. A situação seria de enlouquecer, mas estou relaxado como raras vezes antes. Animado, desembrulho um pedaço de torta que comprei num supermercado. A rigor, aquilo não passa de um monte de gordura, conservantes e açúcar, e normalmente eu não cometeria este pecado. Mas naquela noite de agosto devoro aquelas 4.000 calorias dulcíssimas com tanto deleite que nem possíveis dores de barriga poderiam estragar este momento.

PELO RETROVISOR

O que sobra de uma viagem com tantas aventuras? Para mim, é um pouco como se eu tivesse despertado de um longo sonho insone, marcado por uma vida sob céu de brigadeiro e o sentimento da liberdade sem fim. As muitas horas solitárias passadas no selim aliviaram a minha cabeça e os meus pensamentos, a sensação é como depois de uma dieta espiritual. Muitas situações durante a viagem foram intensas – às vezes, excessivamente. O mundo me absorveu, me sacudiu e virou de ponta-cabeça muitas opiniões e muitos conceitos. Quase sempre quando eu construía uma determinada imagem depois de uma experiência, pouco tempo depois vinha a confirmação do contrário.

Depois de chegar em casa, na Alemanha, tudo continuava exatamente como antes. Mas dentro de mim as coisas mudaram. Como habitante de um país da Europa ocidental com chances e possibilidades quase ilimitadas tendemos a considerar quase natural coisas como bem-estar, educação, paz, segurança e justiça. Esquecemos como são valiosas essas conquistas e o que significam para a qualidade de vida – até o momento em que nos confrontamos com gente que vive numa sociedade sem nada disso. O que torna mais impressionante, portanto, a coragem e a força das pessoas que tocam as suas vidas com meios próprios, conservando, mesmo assim, um olhar positivo para a vida. Elas nos mostram que é possível lidar de várias formas com situações e que há vários caminhos que levam ao mesmo fim. Nisso, a perspectiva tem um papel decisivo. Mesmo quando não conseguimos mudar uma determinada situação, temos ao menos a opção de nos decidir por um determinado ângulo para enxergá-la.

As pessoas que conheci durante minha viagem ficarão por muito tempo na minha memória, especialmente os vários momentos em que fui brindado por uma generosidade inesperada.

AGRADECIMENTOS

Agradeço especialmente aos meus pais Gunhild e Manfred pelo seu contínuo apoio antes, durante e depois da minha viagem.

Agradeço a Barbara, Sonja, Andrea e Klaus pela sua crítica construtiva e suas valiosas contribuições durante a produção deste livro.

E agradeço a Sylvia e Tin pela sua hospitalidade e seu apoio no Rio de Janeiro e durante toda a minha viagem.

Eu agradeço a Gunter e Janet pelo conserto da minha bicicleta e pelo rancho que me deram para levar;
A Andrea e Axel pela hospitalidade e o jantar;
A Klever pela caminhada nas montanhas;
A Diana pelas aulas de salsa;
A Igor e Klaus pelas conversas instigantes ao telefone e pelo apoio moral;
A Ana pela sua hospitalidade e sua ajuda junto à embaixada alemã;
A Gadiel pelo café da manhã;
A Hilde e Nelson pelas frutas e os quadros;
E a Magui pela hospitalidade e pelas fantásticas experiências na Cidade do México.

Também gostaria de agradecer a Carmem e Thomas pela sua hospitalidade;
A Simon, Uli, Christian e Josef pelo jantar conjunto;
E aos bombeiros da Solana Beach Fire Station pela generosidade confiança e pela doação.

Um enorme *dankeschön!* vai também para Gudrun e Hans-Peter pelo delicioso jantar com especialidades da minha terra.

Para Darlene, Manuel, Fernando, Michael e Linnea pelo pernoite e pelo churrasco;
Para Brian e Laurie pelo convite, pela aula de ioga, o homus feito em casa e a massagem;
Para Claudio, Cassia e Eduardo pela festa;
Para Ana pela introdução em Moçambique.

Obrigado, José e Mari pela acolhida em Chirilagua

E obrigado, Sam, pelo passeio de caiaque.

Muito obrigado, Bitu e José Luiz, pela sua hospitalidade e pela sua ajuda no Rio de Janeiro.

Muito obrigado, Tim, pela tua companhia na Bolívia e no Peru e pelo delicioso chocolate natalino.

Muito obrigado, Peter, pela sua inspiração e pela sua ajuda.

Agradeço ainda de todo o coração a todas as pessoas não mencionadas neste lugar que tornaram esta viagem um acontecimento especial para mim com sua gentileza, sua generosidade e seu coração aberto.

SOBRE O AUTOR

Nascido em 1977 em Waiblingen, sul da Alemanha, Sven Schmid estudou e se doutorou na Universidade de Stuttgart em Engenharia Aeronáutica e Aeroespacial. Trabalhou, entre outros empregos, na Nasa, na Califórnia e no Brasil.

Adolescente ainda, descobriu o ciclismo como a maneira perfeita de conhecer pessoas e paisagens. Depois de várias viagens atravessando a Europa, seu sonho de empreender uma viagem longa cruzando outro continente se tornou realidade.

Na viagem pela América do Sul, Sven descobriu que a imagem veiculada através da mídia muitas vezes representa realidades distorcidas e unilaterais. Sobretudo na Colômbia e no México, países geralmente associados à violência, à criminalidade e às drogas, ele conheceu gente pacífica, honesta e hospitaleira.

É assim que Sven Schmid resume a sua experiência:

"Depois dessa viagem, passei a dar muito mais valor às coisas do dia a dia no nosso mundo ocidental que se tornaram quase óbvias para nós.

Enxergo agora as vantagens da nossa vida na Alemanha, muitas vezes considerada chata e careta, onde segurança, um bom sistema educacional, oportunidades de emprego, assistência médica, consciência ambiental e de trânsito e muito mais fazem parte do cotidiano. As oportunidades nessa Terra são muito desiguais, e eu sou grato por ter nascido na Europa Central. A destruição da natureza que avança em várias regiões da América Latina me entristece e faz refletir – não apenas pela perda de paisagens lindas de tirar o fôlego, mas também pelo fato de isso solapar a base de subsistência de muita gente.

A experiência de ser estrangeiro – que também significa ter que depender de estranhos – me transformou. Inicialmente, cada encontro representava superação. Problemas de comunicação me deixavam inseguro e até mesmo desconfiado. Felizmente, no entanto, numerosas situações me obrigaram a compreender pessoas, confiar nelas e aceitar a sua ajuda. Muitas vezes, isso exigiu de mim coragem e força. Mas também me aproximou das pessoas e me abriu para estranhos e situações novas."

Este livro foi composto em
Expresso Texto 10/15 e títulos
em Garage Gothic, impresso em
papel Pólen Soft 80/m².